黑龙江省优秀学术著作
"十四五"时期国家重点出版物出版专项规划项目
现代土木工程精品系列图书

寒区建筑外墙热阻辨识
方法研究

陈　琳　展长虹　著

哈尔滨工业大学出版社

内 容 简 介

外墙是建筑围护结构的重要组成部分,其传热系数的现场检测是进行建筑物节能评估和节能改造工作的关键环节。本书讨论了我国能耗现状及节能检测的重要性,提出了基于建筑非稳态导热反问题理论,结合红外热像法,利用机器学习算法辨识得到寒区建筑外墙热阻的研究方案。本书的研究成果对实施快速、高效的建筑外墙传热系数现场检测技术具有重要的理论意义和应用价值。

本书涉及理论分析、数值实验、软件编程、实验室测试和现场测试等多种研究方法,可供建筑技术专业的师生及相关专业的科研工作者参考学习。

图书在版编目(CIP)数据

寒区建筑外墙热阻辨识方法研究/陈琳,展长虹著
.—哈尔滨:哈尔滨工业大学出版社,2022.10
ISBN 978-7-5603-7380-5

Ⅰ.①寒… Ⅱ.①陈… ②展… Ⅲ.①寒冷地区—墙
—热阻—辨识—研究 Ⅳ.①TU227

中国版本图书馆 CIP 数据核字(2022)第 050696 号

策划编辑　王桂芝
责任编辑　杨　硕
出版发行　哈尔滨工业大学出版社
社　　址　哈尔滨市南岗区复华四道街 10 号　邮编 150006
传　　真　0451-86414749
网　　址　http://hitpress.hit.edu.cn
印　　刷　哈尔滨市工大节能印刷厂
开　　本　787 mm×1 092 mm　1/16　印张 10.25　字数 243 千字
版　　次　2022 年 10 月第 1 版　2022 年 10 月第 1 次印刷
书　　号　ISBN 978-7-5603-7380-5
定　　价　48.00 元

前　　言

外墙是建筑围护结构的重要组成部分,其传热系数的现场检测是进行建筑节能评估和节能改造工作的关键环节。本书将研究目标限定为严寒地区和寒冷地区建筑外墙,针对目前建筑外墙传热系数现场检测方法的不足,从非稳态传热角度出发,基于红外热像法的优势和系统辨识理论提出了通过导热反问题求解外墙热阻的机器学习辨识方法,进而获得传热系数;同时,实现了外墙红外图像温度数据的校准和有效温度的提取。

本书第1章对建筑外墙传热系数现场检测方法的研究现状进行阐述,对红外热像法和机器学习算法等方法在建筑领域的研究进展进行归纳总结。第2章从非稳态传热角度出发,在建筑传热理论和系统辨识理论基础上提出通过导热反问题思路辨识外墙热阻的方案,给出了基于机器学习算法的热阻辨识技术路线。第3章建立了外墙传热的数值模型并对其进行了验证,得到了墙体的温度分布和变化规律。数值实验结果为外墙热阻辨识模型的建立提供了样本数据。第4章利用人工神经网络建立外墙红外测温数据的修正模型,为检测系统的准确性提供保障。第5章通过对比分析,得到机器学习算法的最佳模型,建立了建筑外墙热阻检测模型。第6章利用实验室检测和现场检测方法对几组建筑外墙传热系数进行检测分析,验证红外热像检测方法的可行性。第7章对本书的后续工作进行了分析和展望。本书的研究结果证明了机器学习辨识方法可以作为检测建筑外墙热阻的一种手段,可为建筑外墙传热系数现场检测研究提供借鉴与参考。

本书是作者多年来从事建筑传热学、建筑节能检测、科研实践的心得总结,涉及理论分析、数值实验、软件编程、实验室测试和现场测试等多种研究方法,可供建筑技术专业的师生及相关专业的科研工作者参考学习。

本书出版得到了烟台大学博士启动金(编号2220003)的资助,本书科研部分得到了国家自然科学基金面上项目(编号51778168)、黑龙江省应用技术研究与开发计划项目(编号GZ15A505)以及黑龙江省寒地建筑科学重点实验室自主研究基金项目(编号2016HDJZ-1106)的资助,特此感谢。感谢哈尔滨工业大学寒地城乡人居环境科学与技术工业和信息化部重点实验室提供的实验条件。

由于作者水平有限,书中不足之处在所难免,恳请读者批评指正。

作　者
2022年9月

目　　录

第1章 绪 论

1.1 研究背景

1.1.1 我国建筑节能现状

建筑行业在社会三大能源消耗行业中占有重要比重。近些年来,我国建筑能耗总量每年都在大幅增长。清华大学建筑节能研究中心的研究显示,2020 年我国建筑建造和运行用能之和占全社会总能耗的 32%。2020 年我国建筑业建造相关的碳排放总量约为40 亿 t CO_2,接近我国碳排放总量的 1/3。建筑规模的持续增长驱动了能源消耗和碳排放增长,高耗能建筑的大量建设造成了沉重的能源负担和严重的环境污染,制约了我国能源的可持续发展。

建筑能耗已然成为社会关注的热点问题,因此大力开展建筑节能工作势在必行。我国对建筑节能产业也愈加重视,在经历了节能三个阶段后,我国住宅和公共建筑目前普遍执行的是节能 65% 的设计标准。2013 年起,多个省市在居住建筑方面开始执行节能75% 的设计标准,外墙门窗传热系数等指标达到或接近世界先进水平。部分省、自治区、直辖市节能 75% 的设计标准中围护结构传热系数的限值如表 1.1 所示。近年来,零能耗建筑(Zero-Energy Building,ZEB)热潮兴起,各国提出了详尽的节能目标和节能措施。我国于 2019 年发布的《近零能耗建筑技术标准》(GB/T 51350—2019)也正式提出了"超低能耗建筑""近零能耗建筑""零能耗建筑"的定义和控制指标,推动建筑节能工作迈向下一阶段,促进了建筑节能产业的转型升级。

表 1.1　部分省、自治区、直辖市围护结构传热系数限值(节能 75% 的设计标准)

围护结构部位	传热系数限值 /$(W \cdot m^{-2} \cdot K^{-1})$			
	山东省	吉林省	新疆维吾尔自治区	北京市
屋面	0.35	0.30	0.25	0.40
外墙	0.40	0.35	0.45	0.45

1.1.2 建筑围护结构传热系数现场检测的必要性

随着节能技术的推广,节能建筑越来越多,有关建筑节能设计标准和绿色评价标准的工作已经开展很多。但在实际建筑工程中,时常会出现施工时偏离设计和标准的现象,导致建筑质量不达标。因此,仅依据设计资料并不能判定一个建筑能否达到节能标准、能否满足设计的要求,必须通过相关的检测工作来实施建筑节能质量监督。建筑节能检测分为实验室检测和现场检测两部分,由于建筑的建造周期长、建筑材料的热工性能易发生变化,因此,建筑节能现场检测比实验室检测更为重要。开展建筑节能现场检测工作对保障建筑合理设计与施工、评定建筑节能的实际效果、改善居住环境、进一步推动节能工作、实现经济健康发展具有非常重要的作用。

围护结构的热性能对建筑整体能耗的影响很大,研究表明:20％ ～ 50％ 的暖通空调系统负荷是围护结构引起的。在一般民用建筑中,外墙面积约占围护结构总面积的 2/3,建筑围护结构总能耗中约有 1/3 是由外墙产生的。外墙潜在的保温隔热等质量问题不仅会影响使用者的正常使用,也会缩短建筑的使用年限,因此,围护结构(尤其是外墙)在建筑节能研究中是最重要的一部分,保证此部分的节能性对建筑整体能耗的降低具有重要意义。围护结构节能性能的判定标准主要是传热系数的检测,2009 年发布实施的《建筑物围护结构传热系数及采暖供热量检测方法》(GB/T 23483—2009)对建筑外墙的传热系数做了详细的规定,《公共建筑节能检测标准》(JGJ/T 177—2009) 和《居住建筑节能检测标准》(JGJ/T 132—2009) 两项关于建筑节能工作的法制法规的颁布实施,使得居住建筑和公共建筑在外墙热物性现场检测方面有了切实的标准可依。目前,已有多种方法可对建筑围护结构传热系数进行现场检测,但仍需要发展一套高效的传热系数现场检测方法,主要原因如下。

(1) 发展高效建筑围护结构传热系数现场检测方法对于节能工程验收具有重要性。

目前,国内围护结构传热系数现场检测中被广泛使用且最具权威的是热流计法,但由于该测试方法是基于一维稳态传热理论提出的,因此应用于现场检测时存在效率低(至少 96 h,不包括安装、拆除的时间;且须在采暖期进行测试)、检测条件苛刻、成本高等劣势。这阻碍了其在现场检测工作中有效、全面地应用,甚至影响到我国建筑节能技术措施的实施和发展。因此,急需发展一套高效的建筑围护结构传热系数现场检测方法。

(2) 既有建筑节能改造预评估对传热系数现场高效检测方法具有迫切需求。

围护结构传热系数现场检测的重要性不仅体现在节能工程验收中,在既有建筑节能改造预评估诊断中的作用也尤为关键。节能诊断是既有建筑节能改造工作的第一步,也是最重要的一步。只有先进行准确的诊断,才能摸清存在的问题、分析节能改造潜力,并依此制订改造技术路线,进而降低改造的成本。在我国已实施的既有建筑节能改造中,大多仅凭设计资料、记录等划定改造对象,这些资料不能全面、真实地反映建成实体的运营状况,这种选定方法缺乏科学性。我国既有建筑量大、面广,2012 年发布的《既有居住建筑节能改造指南》中提到:"据不完全统计,仅北方采暖地区城镇既有居住建筑就有大约 35 亿 m² 需要和值得节能改造。"每一栋候选改造建筑都有其独特性,以目前的检测方法,很难实现围护结构传热系数现场普测。

(3) 围护结构热工性能周期性监测具有必要性。

我国自 2006 年开始实施大型公共建筑能耗监测系统,对供热、空调、用电系统的能耗进行监控,这对节约能耗起到了很大的正面作用。对在运行使用过程中的建筑来说,其围护结构会受到气候及其他环境因素的影响发生老化、退化甚至损坏,这对围护结构热工性能和相应能耗的影响程度是难以简单估量的,因为表面发生的变化较易观察到,但内部问题是无法用肉眼观测的。随着时间的推移,这些问题可能导致建筑能耗升高,而隐藏的故障问题也可能发展扩大,甚至酿成事故。因此,对围护结构热工性能的定期监测也是非常必要的。另外,长期监测的数据也可为实现建筑大数据应用奠定基础,为及时制订合理的节能改造决策、方案提供依据。同样,传热系数等现有测试方法的不足,导致这种长期的、大规模的监测任务无法完成。

1.1.3 基于红外热成像的现场传热系数检测方法的可行性

红外热像法作为一种非接触表面测温手段,具有测温准确快速、不污染损伤被测物表面以及基本不影响被测物体温度场等优点。该技术已在我国建筑领域得到了一定的应用,如围护结构热工缺陷检测、门窗及玻璃幕墙的气密性检测等,但这些应用绝大部分都属于定性判断或分析。对于红外热像法如何在建筑热工领域量化应用,如传热系数或热阻的检测,目前国内外的理论研究还不够深入。

红外热像法的独特优势,以及目前图像处理技术、数据科学理论的飞速发展,都为利用红外热像法量化测试、分析围护结构传热系数提供了可能。

随着建筑行业的飞速发展和节能工作的推进,继续采用传统的节能检测方法将无法满足市场的需求。在这种情况下,建筑热工的现场检测方法必须高效、方便、准确,以弥补现有测试方法的不足。因此,本书将开展红外热像法在建筑热工性能分析方面的研究,选取建筑外墙的传热系数为研究对象,通过理论研究和实验测试,找到快速、准确的建筑热工性能检测方法。

1.1.4 基于红外热成像的现场传热系数检测方法的研究意义

当前,无论是工程实践还是科学研究,对准确、高效、低成本的建筑围护结构传热系数或热阻现场检测、监测方法都有迫切的需求。

因此,本书将结合非稳态传热理论、红外热像法、机器学习算法、图像处理技术以及现有节能检测技术经验,采用系统辨识方法探索解决"建筑外墙热阻现场快速测试"中的关键基础科学问题,以期为红外热像法在建筑节能现场检测、监测中的量化应用奠定理论基础。本书可为进一步进行建筑外墙传热系数现场检测研究提供参考,为我国建筑节能工作和绿色建筑发展提供借鉴。

1.2 相关研究现状

围护结构传热系数现场检测方法一直是建筑节能领域的研究热点;红外热像法在无损检测领域得到广泛应用,并深入到量化研究领域;机器学习也是近十年来的研究热点,目前已在风险预测、图像识别、量化投资等方面取得了显著成果。本节将着重介绍与本书相关性较大的这三个方面内容,对其相关研究进展进行文献综述。

1.2.1　建筑外墙传热系数现场检测方法研究现状

1.现有外墙传热系数现场检测方法的原理

热流计法和热箱法是目前围护结构传热系数现场检测的常用方法。

（1）热流计法。

参照国际标准《建筑构件热阻和传热系数的现场测量》(ISO 9869:1994)，国内也制定了热流计测量方法的相关标准，包括《建筑用热流计》(JG/T 519—2018)、《居住建筑节能检测标准》(JGJ/T 132—2009)和《公共建筑节能检测标准》(JGJ/T 177—2009)等，这些标准给出了采用热流计法测量建筑外墙传热系数的使用规程和注意事项。热流计法的检测原理为一维稳态传热原理，采用热流计法检测传热系数时，将温度传感器贴于建筑外墙内外壁面，将热流传感器贴于外墙内壁面，当热流通过建筑外墙时，建筑外墙的热阻使得墙体内外壁面产生温差，结合温度数据和热流数据即可计算出墙体的热阻值，计算原理为

$$R = \frac{\sum\limits_{j=1}^{n}(\theta_{i,j} - \theta_{e,j})}{\sum\limits_{j=1}^{n}q_j} \tag{1.1}$$

式中　　R——建筑外墙主体部位的热阻($m^2 \cdot K/W$)；

　　　　$\theta_{i,j}$——建筑外墙主体部位内壁面平均温度的第 j 次测量值(℃)；

　　　　$\theta_{e,j}$——建筑外墙主体部位外壁面平均温度的第 j 次测量值(℃)；

　　　　q_j——建筑外墙主体部位热流密度的第 j 次测量值(W/m^2)。

当热流计的热流传感器贴于被测建筑外壁面时，其热阻远小于被测建筑外墙的热阻，对整个外墙主体的传热影响微乎其微，可以忽略不计。因此，在稳定状态下，被测建筑外墙的热流即热流计的热流。可进一步得到建筑外墙主体部位的传热系数：

$$K = 1/(R_i + R + R_e) \tag{1.2}$$

式中　　K——建筑外墙主体部位传热系数($W/(m^2 \cdot K)$)；

　　　　R_i——内壁面换热阻，按《民用建筑热工设计规范》(GB 50176—2016)确定；

　　　　R_e——外壁面换热阻，按《民用建筑热工设计规范》(GB 50176—2016)确定。

将热流计测得的传热系数与相关标准进行比较，从而判定建筑外墙是否达到节能要求。

采用热流计法检测传热系数时，持续检测时间不得少于96 h，适宜在最冷月进行，采暖建筑应当在采暖系统正常运行后进行检测。对于无采暖的建筑，应采取措施提高室内平均温度，以保证最少10 ℃的室内外温差，在其他季节进行检测时，也应当采取加热或制冷的手段营造出室内外温差的环境。另外，在检测期间，为了确保稳定的环境，应保证平稳的室内平均温度，并避开气温剧烈变化的天气。受检区域的外壁面应避免雨雪侵袭和阳光直射，以减少湿度和太阳辐射对测试结果的干扰。

由热流计的检测原理和使用方法可知，采用热流计法检测建筑外墙传热系数有诸多局限性。首先，热流计是基于一维稳态传热原理进行检测的，而真实墙体内部的传热是三

维动态的。其次,热流计法在使用过程中需要将传感器贴于墙体壁面,这会引起墙体壁面不同程度的破损,传感器的粘贴过程也较为烦琐,外壁面的粘贴工作难度更大。除此之外,热流计的检测时间长,检测条件较为苛刻。

(2) 热箱法。

热箱法的使用依据为国际标准《绝热 稳态传热性质的测定 校准和防护热箱法》(ISO 8990:1994),国内多为地方性标准。与热流计法的检测原理大致相似,热箱法是将一个加热热箱贴于建筑外墙内壁面,人为地制造出稳定的室内环境,室外为自然的低温环境,通过内外壁面温差和热流值计算出外墙热阻和传热系数。

热箱法要求热箱内的温度高于室外温度 8 ℃ 以上,持续检测时间不少于 72 h。热箱法的弊端是显而易见的,进行现场检测时,过大体积的热箱不仅不易携带,而且安装烦琐,这也可能导致特殊造型的部位或热桥部位无法测试。

2.现行标准中关于外墙传热系数存在的问题

《居住建筑节能检测标准》(JGJ/T 132—2009)中关于传热系数检测的第 7.1.5 条规定“测点位置不应靠近热桥、裂缝和有空气渗漏的部位,⋯⋯。”;按照该标准的条文解释,其原因是避免热桥影响以尽量保证一维传热状态。但是,《严寒和寒冷地区居住建筑节能设计标准》(JGJ 26—2018)中第 4.2.3 条规定“⋯⋯ 外墙的传热系数是指考虑了热桥影响后计算得到的平均传热系数 ⋯⋯”。

从表述上来看,上述两个标准所规定的外墙“传热系数”似乎存在不一致性。从墙体热工性能角度看,考虑传热系数时应将热桥部分包含在内;但《居住建筑节能检测标准》(JGJ/T 132—2009)中是采用热流计法检测传热系数,若将热桥部分考虑在内,则受检墙体区域内发生的必然是三维传热,无法达到一维稳态传热状态,热流计法在这种条件下是无法得出准确检测结果的。因此,只能退而求其次,选取相对理想的墙体区域进行测试。这也许是现行《居住建筑节能检测标准》(JGJ/T 132—2009)对于传热系数检测做出上述规定的原因,或者说是一个无奈之举。若从非稳态传热原理出发,结合红外热像法获取待测表面温度的优势,则有可能解决这个问题。

3.建筑外墙传热系数检测方法相关研究进展

热流计法是目前国内外进行围护结构传热系数现场检测的最常用方法,但由于热流计法存在弊端,科研工作者在外墙传热系数的检测理论和技术方法方面做了大量的研究工作,以期对传统方法进行改良。我国在这方面的研究工作也取得了一定的成果。唐鸣放对建筑外墙内壁面热流进行非稳态研究,由建筑外墙热惰性与室外环境的影响关系提出了室外加权温度,并分析了在夏季进行建筑外墙传热系数现场检测的可行性。沈祖锋利用有限元软件 ANSYS 模拟了控温式热流计法的检测过程,通过对三种保温形式墙体的一维传热研究发现,现场墙体传热系数检测的准确性受墙体结构、检测温差、墙体湿度等因素的影响,并对各因素的影响程度进行了详细研究。吴培浩等人介绍了一种防护热

箱 / 冷箱式建筑围护结构传热系数现场检测仪，能够在实际工程应用中不受环境条件限制，实测得到的传热系数最大波动不大于 0.01 W/(m^2 · K)，但设备复杂、不便携带、安装工作难度大。刘正清提出了一种不受检测环境条件限制的传热系数现场检测方法：冷箱 — 热流计法，实验表明该种方法在标准检测条件下(室内外温差为 15 ℃ 以上) 可取得良好效果，但在非标准检测条件下误差高达 19.4%。盖玉刚首先利用热流计法测试建筑外墙的导热热阻，然后运用 FLUENT 软件对一维导热区和四季典型日进行分析计算，并对测试热阻进行修正，得到了更准确的数据。高慧挥根据热流计法和热箱法的基本原理提出了一种新型的建筑围护结构热阻测试方法 —— 加热箱双面热流计法，测试结果偏差在 10% 以内，效果较好。但从原理上看，该方法仍是一种简化的热箱法，设备庞大、不便携带安装。杜璘对传统热流计法的现场检测值和理论值进行了研究，理论值借助热流计法测得的温度数据和墙体的热流密度数据，以及墙体的构造和材料参数计算获得。结果表明：研究采用的热流计法准确度较高，并分析了误差产生的原因，即热流量和热阻的现场检测值均小于理论值，而传热系数的现场检测值则大于理论值。该方法虽然提高了原始热流计法的准确性，但使用效率仍有待提高。张宇等人将贝叶斯统计方法应用于墙体传热系数检测分析中，以正态分布形式表达联合预估计信息和实测数据信息的估计结果，提升了其可信度。通过调研所获取的先验信息可以影响估计结果，但影响程度会随观测数据样本数量的增加而减弱。该方法可充分利用已有信息，缩短检测周期、减少所需观测数据数量，但该方法对新建建筑墙体传热系数的检测可靠性未知。

国外在建筑外墙传热系数检测研究方面取得的相关成果如下。1992 年，Arasteh 在 ASHRAE 标准的制定过程中提出将红外热像法应用于建筑外墙的热工参数现场检测。Bouguerra 等人通过在室内平均温度和常压下测量得到的材料导热系数，基于欧姆定律的 Verma 等模型和焓的概念计算得到了热容值，并预测了复合材料的热扩散率，通过计算进一步得到其传热系数。Luo 等人提出基于有限体积法和傅里叶分析法，利用墙体内外壁面平均温度和热流获得热容等其他传热信息的方法。研究结果表明，空气的热传递系数和墙体壁面的对流换热系数呈线性关系，且验证结果误差较小。Gaspar 等人详细探讨了现有建筑外墙传热系数的检测方法，特别是国际标准《建筑构件热阻和传热系数的现场测量》(ISO 9869:2014) 中提供的平均法和动态法，通过对比实验发现，采用动态法时，理论值与实测值的差异较小，特别是在实验条件不理想的情况下，动态法的应用大大提高了传热系数的检测精度。针对近零能耗建筑(NZEB) 的节能策略，Gaspar 等人对热流计法测量低传热系数值(高热阻值) 外墙的精度和影响条件展开研究，结果表明，为了准确测量低传热系数值墙体，温差必须大于现有文献中所示的温差，并且对于小于 19 ℃ 的温差环境，必须延长实验持续时间。另外，温度传感器的精度对测试初始周期的测量精度有较大影响。Tejedor 等人在实验室的准稳态条件下研究了墙体的热工参数对红外热像法检测传热系数的影响，结果表明，定量红外热像法对高 kappa 值的多层墙体更为准确，最大偏差为 0.2%。

虽然国内外建筑节能检测的科技工作者们仍在坚持不懈地对围护结构热工性能现场

检测方法进行探索,但现有的研究大多是在实验室的稳态条件下完成建筑热工参数的检测。另外,对于不同的检测环境,尤其像我国这种南北差异大、建筑热工分区较多的国家,如何在有限条件下对建筑外墙传热系数进行高效、准确的现场检测还有待深入研究。

1.2.2　红外热像法在建筑热工领域的研究现状

1.红外热像法的检测原理及优势

所有温度高于绝对零度的物体都会向外辐射热射线,基于普朗克定律和斯特藩－玻尔兹曼定律,红外热像法通过检测物体发射和反射的红外光强度来计算物体表面温度,结合光电技术和图像处理技术,以不同颜色表示不同温度,最终以热图像的形式显现出来,这一过程的功能载体就是红外热像仪,红外热像仪的工作原理如图1.1所示。常见的红外热像仪配置通常包括红外镜头、红外探测器、内部加工组件、显示屏和附带的电脑软件。电脑软件可以传输数据,并对红外摄像仪采集的红外图像和温度数据进行后期处理。图1.2所示为常见的红外热像仪机身照片。红外热像仪采集到的图像如图1.3所示。

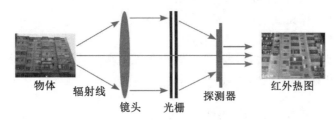

物体　　辐射线　　镜头　　光栅　　探测器　　红外热图

图 1.1　红外热像仪的工作原理

图 1.2　红外热像仪机身

 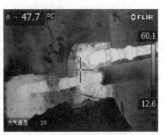

(a) 墙体的保温检测　　　　　(b) 热力管道检测

图 1.3　红外热像仪采集到的图像

英国天文学家 William Herschel 和儿子 John Herschel 于 19 世纪末发现了红外光谱并将其可视化,这可以说是最早的热成像技术。Tihanyi 于 1929 年发明了第一台红外感应相机,并开始在军事领域使用。20 世纪 50 年代末,Texas 仪器公司和美国军事部门研发了第一个单一元素探测器,它可以扫描现场并生成线性图像。此后,热成像技术不再仅限于为军事服务,真正实现了商业化。

随着对红外热像法研究的不断深入,红外热像法的应用范围也越来越广,包括电力电网、航天遥感、医学健康、炉窑冶金、灾害防治、电子监控等领域。红外热像法在建筑领域的应用主要以建筑缺陷的诊断为主。红外热像仪使用便捷,与被测目标无直接接触,不会对被测目标造成损伤,这也使得红外热像法成为目前先进高效的无损检测技术之一。

很多领域都需要测温技术,通过测温手段可以发现设备故障、排查异常情况。建筑领域的测温技术多是依靠传统热电偶法实现,其温度传感器贴于壁面会对壁面造成损伤,且传感器数量有限,难以对壁面平均温度进行全面测量。红外热像法区别于传统的接触式测温技术,主要有以下几点优势:

(1)携带方便,灵敏度高,操控效率高。

(2)连续自动记录,数据可编辑,分析方法简单直观。

(3)与被检测物体无直接接触,不会对其造成损坏。

(4)不受距离的限制,空间分辨率较高。

鉴于热流计法和热箱法等传统传热系数检测方法存在不足,近些年来,越来越多的学者提出结合红外热像法进行建筑外墙热工性能检测的思路。

2.红外热像法在建筑热工领域的研究进展

1983 年,国际标准《保温 建筑围护结构缺陷的定性诊断 红外热像法》(ISO 6781：1983)的发布,开始了红外热像法在建筑热工领域的应用,随后多个国家陆续发布了相关标准。

在建筑热工性能检测方面,学者们最初将红外热像法应用于建筑缺陷诊断领域,充分利用其高效便捷的优势,多采用现场测试的方法,研究成果显著。随着红外热像法在建筑诊断领域应用的日渐成熟,更多学者将目标转向量化研究领域。

以 Minh Phono Luong 为代表的国外学者,从 20 世纪 80 年代便开始探索将红外热像法用于量化检测方面的可能,开创了红外热像法在量化研究方面应用的先河。学者们首先在提高红外热像法温度数据的测量精度方面取得了一定的成果,为红外热像法的应用提供保障。此后,学者们相继开展了红外热像法在建筑热工领域的量化研究。Lai 等人利用红外热像法和数字图像直接分析法,对 CFRP 型混凝土复合材料的裂缝和分层两种缺陷面积进行了检测,两种方法的吻合度达到了 88%。Albatici 等人提出了利用红外热像法获取准稳态环境下墙体传热系数的计算方程,利用该方法研究了五种不同材质、不同构造建筑外墙的传热系数,并且与热流计法进行比较,结果发现该方法对重质墙体的检测结果吻合度较高,但对轻质墙体吻合度较低。Asdrubali 等人通过对温度的红外热像测量和热谱图的分析处理,提出了对几种热桥进行量化分析的方法,由此给出热桥影响系数的计算公式,即有热桥时通过墙体的实际热流量与无热桥时的热流量之比,他们选取了有隔热层和无隔热层两种楼板进行实验,得到的热桥影响系数分别为 1.6 和 2.0。Ohlsson 等人提出了一种改进的红外热像法测得墙体壁面热流密度的方法,通过红外热像图的测试信息,可同时获得表面温度、周围辐射温度和空气温度,该方法适用于温差较小的测试环境。他们给出了不同气流速度时建筑构件表面热流密度的计算公式,该方法与热流计法相比较,误差在 10% 以内,在气流速度 $v = 4.75$ m/s 时吻合度最高。Cifuentes 等人采用红外热成像激光锁定法测量了固体材料的热扩散率和导热系数。该研究利用样品与相邻空气之间的热耦合,同时获得样品的平面内热扩散率和导电率。结果表明,当导热系数接近空气的导热系数或在非常低的调制频率(< 0.1 Hz)下进行实验时,导热系数值的准确性显著提高。这意味着该方法特别适用于测定热绝缘体的热传递特性。最后,对多种材料进行的实验证实了该方法的有效性。Grady 等人提出了利用红外热像法对热桥的实际热流量和热桥线传热系数的测量方法,该方法中考虑了对流换热及辐射换热对表面温度的影响,并于实验室中利用稳态热箱对其进行了验证,实验结果与理论计算结果高度吻合。Marino 等人基于稳态传热原理,对一栋建筑的建筑外墙热损失和壁面热阻进行了量化研究,建筑外墙内外壁面平均温度由红外热像仪获取。研究发现,外壁面空气边界层热阻在一天中变化较大,而且大部分时间都比标准建议值大,同时也说明了对建筑外墙散热量进行现场测试和对其设计阶段的散热量估计值进行验证的重要性。Nardi 等人详细讨论了红外热像法在建筑领域量化评估方面形成完整体系的可能性,给出了提高红外热像法准确度的使用建议。Bienvenido-Huertas 等人采用两种不同的理论方法对 45 个内壁面对流换热系数(ICHTCS)方程进行了红外热成像定量分析,即对流方法以及对流和辐射方法。其中,有 25 个方程对应于温差的相关性,20 个方程对应于无量纲数的相关性。最后利用红外热像仪对西班牙建筑时期的 3 个典型立面进行了监测,结果表明,使用基于无量纲数的 ICHTCS 方程的红外热像定量分析法效果最佳,且保温墙体比无保温墙体的结果更具有代表性。该研究所得结果可用来描述现有建筑物外立面的热量传递。

我国从 20 世纪 90 年代初开始将红外热像法用于建筑领域的研究和实践,并取得了一定的成果。《居住建筑节能检测标准》(JGJ/T 132—2009)提出"宜采用红外热像法对建筑围护结构的热工缺陷进行定性检测"的建议,推进了红外热像法在我国建筑热工领域的应用。《红外热像法检测建筑外墙饰面粘结质量技术规程》(JGJ/T 277—2012)中明确了红外热像法的使用规程。我国学者也开展了利用红外热像法进行热工性能量化的研究工作。张炜提出在测量墙体壁面红外热像时,通过划分网格、分别测量、再拼贴成整幅红外热像图的测量策略,以提高测量的精准性,并进一步提出利用面积加权平均的计算公式处理红外热像图的数据来计算出整面墙体的精确平均温度的方法,这弥补了传统方法采用热电偶进行点测的准确性低和盲目的弱点。该研究结合一维稳态传热理论,提出了使用红外热像仪测量墙体传热系数的方法,但仅给出了验证结果,未给出验证实验细节;在推导过程中将外墙内壁面与室内环境换热量视为常量,其准确性有待进一步研究。唐鸣放等人提出一种基于红外热像法的窗户传热系数现场检测方法,通过红外热像仪测量窗户的表面平均温度,利用热流计测量窗户表面换热系数,该方法的理论依据是基于一维稳态传热原理,本质未脱离热流计法,因此在应用上述方法进行现场检测时,其检测条件难以实现。李云红等人为实现红外热像仪对温度的精确测量,提出被测物体表面真实温度的通用计算公式,分析了发射率、环境等因素对红外热像仪测温精度的影响。屈成忠等人在一维稳态条件下利用红外热像法测量箱体表面在不同风速和太阳光照强度下的温度变化,依据实验数据分析建筑围护结构传热系数与两者之间的关系,得到建筑围护结构传热系数与风速和太阳光照强度之间的关系式,该方法在有风和有光照的环境下仍可进行。

红外热像法与计算机软件结合应用也成为一种新的研究思路。此外,红外热像法在单一材料热工参数研究方面也硕果累累,这些成果都使得红外热像法更好地应用于量化研究领域。

综上所述,学者们在采用红外热像法进行温度测量的同时也进行着红外热像法测温精度的改善研究,随着对红外热像法研究的深入,越来越多的研究焦点聚集在量化研究领域,包括热流密度、传热系数等参数的检测,这使得红外热像法能够更加准确地进行建筑保温性能评价和热工参数检测。然而,现有的研究成果仍局限在稳态环境,且多以材料参数的研究为主,没有形成系统的建筑围护结构节能检测体系,仍为学者们留下了更多的研究空间。

1.2.3　机器学习在建筑热工领域的研究现状

机器学习(Machine Learning,ML)是以概率学、统计学、数学等学科为基础,通过不同算法对数据进行处理,从中学习并得出规律,进而对未知数据进行预测。简单来说,机器学习就是通过计算机模拟人类的学习行为,并从中不断提升自身技能,最终实现计算机智能化。机器学习推动着人工智能的发展和进步,在某种程度上属于人工智能的范畴,也是人工智能和神经计算的核心研究课题之一。

1949年,Donald Hebb提出的赫布理论解释了学习过程中大脑神经元所发生的变化,标志着机器学习领域迈出的第一步。1952年,IBM公司的Arthur Samuel(被誉为"机器学习之父")设计了一款可以学习的西洋跳棋程序。它能通过观察棋子的走位来构建新的模型,并用其提高自己的下棋技巧。Samuel和这个程序进行多场对弈后发现,随着时间的推移,程序的棋艺变得越来越好。Samuel用这个程序推翻了以往"机器无法超越人类,不能像人一样写代码和学习"这一传统认识。而他对"机器学习"的定义是:不需要确定性编程就可以赋予机器某项技能的研究领域。

人工智能的浪潮正在席卷全球,在某些领域中已经可以代替人类甚至超越人类。作为实现人工智能的重要途径之一,机器学习一直是该领域的研究热点。目前机器学习已经广泛应用于数据挖掘、计算机视觉、语音和手写识别、医学诊断、无人驾驶等领域。机器学习的算法大致可分为分类和回归,具体算法包括线性回归、逻辑回归、朴素贝叶斯、随机森林、支持向量机、人工神经网络、深度学习等,其中人工神经网络方法作为机器学习的一个庞大的分支,就有上百种不同的算法。在机器学习算法中,没有最好的算法,只有"更适合"解决当前任务的算法,将不同的算法交叉使用也是提升学习精度的常见方法。

机器学习理论在建筑领域应用中,以建筑缺陷检测方面的成果尤为突出。瓮佳良采用前馈神经网络、堆栈自编码网络和卷积神经网络与SoftMax分类器相结合的缺陷识别算法建立了玻璃缺陷检测的深度学习模型,提出采用无监督学习和遗传算法相结合的方法对卷积神经网络训练方式进行优化,改进后的卷积神经网络识别效果由 95.2% 提高到 97.8%。Valero 等人基于监督机器学习算法,提出一种灰浆砌块墙体缺陷自动检测方法,该方法已在苏格兰斯特灵城堡皇家礼拜堂的主立面上进行了测试,证明了其在建造灰石砌墙形式方面的潜力。Huang 等人提出一种基于深度学习的算法 ABCDHIDL,用于从多时间高分辨率建筑遥感图像中自动检测建筑物的变化,该方法可以排除严重噪声干扰和明显的建筑物阴影,最后通过四组实验对该方法进行验证。结果表明,ABCDHIDL 算法具有较高的精度和自动化水平,但其时间消耗相对较高。Mangalathu 等人采用长短期记忆(LSTM)深度学习方法对建筑物损伤进行分类,利用 2014 年加利福尼亚州南纳帕地震后记录的建筑物损坏描述,演示了 LSTM 方法的应用,数据样本由 3 423 栋建筑组成,随机分为训练样本和测试样本,利用训练样本建立预测模型,并利用测试样本对模型的性能进行评价,准确度达到 86%。

机器学习算法也广泛涉及室内热环境的研究领域和建筑能耗的分析预测领域,而应用于建筑外墙传热方面的研究则相对较少,并多以人工神经网络方法为主。Ferreira 等人以尽量减少能源消耗和优化热舒适性为目的,建立了径向基神经网络的预测模型,对通风和空调系统进行有效控制,结果表明该方法对于预测室内热舒适度准确度较高,并且应用该方法产生的节能效果将大于 50%。Mba 等人对湿热地区建筑的室内平均温度和相对湿度进行了长达两年的数据采集工作,作为人工神经网络建立的训练数据,最终建立的网络为具有 36 个输入变量、10 个隐藏神经元和 2 个输出层神经元的多层感知器(MLP)优化结构。该网络可以成功预测室内逐时温度和相对湿度,预测结果中两者的相关系数分别为 0.985 和 0.985,准确度较高。Baccoli 等人提出了一种基于自适应线性神经网络(ALNN)的建筑构件热特性分析方法,该方法可以在特定的瞬态条件下确定热扩散率。该研究最后采用多层匀质墙体进行验证,将结果与标准 EN12667 提供的实测数据进行对比,误差小于 3%。张亮等人通过 RBF 神经网络模拟了真空玻璃的传热过程,实现了真空玻璃保温性能的快速评定,该模型对真空玻璃非热源一侧中心温度的智能测量较为准确,可将复杂的传热过程模型化且具备较快的学习速度,对具有不同传热系数的真空玻璃具有良好的自适应性,将为今后研究真空玻璃真空度以及保温性能检测的智能软测量提供一定的理论基础。Bienvenido-Huertas 等人研究了一种基于多层感知器神经网络,通过确定组成墙的层数和类型估算墙体传热系数值的方法,该方法在不同时期建筑的案例分析中得到了有效验证,测量值与预期值之间的偏差小于 20%。

可以看出,虽已有学者开始关注机器学习算法在建筑热工领域中的应用,但由于墙体传热的复杂性,机器学习算法在外墙传热系数检测方面的应用仍然相对薄弱,仍未形成明确有效的新方法和统一的体系。

1.2.4　相关研究现状总结

本书通过对国内外外墙传热系数现场检测方法的相关文献的综述,拓宽了对传热系数检测方法的研究视野,奠定了对外墙热阻理论研究的基础;通过对国内外建筑领域红外热像法和机器学习方法的相关文献的综述,了解了相关研究的发展趋势,丰富了本书对传热系数研究的角度。通过对国内外相关文献的综述可以发现,在外墙传热系数现场检测研究方面还存在一些不足,主要体现在以下几个方面。

(1) 目前常用的建筑外墙传热系数检测方法中,检测原理多为一维稳态的传热原理,检测时间长、检测效率低、容易对外墙饰面造成破损。在传统检测方法基础上进行改善的研究方案也大多是在实验室的稳态条件下进行的,缺乏现场测试的验证,应用性无法得到保障。并且,现行检测标准和设计标准在外墙传热系数检测时针对热桥部分存在着矛盾的处理方式。针对这些问题,可考虑利用非稳态传热原理、红外热像法和机器学习算法来解决建筑外墙热阻的现场检测问题。

(2) 在红外热像法的研究方面,学者们在不断提高红外热像法精度的同时,也将其应用于热工参数的量化检测方面,例如热桥缺陷的量化研究、材料水分含量的检测、材料吸湿和干燥过程的量化研究、构件表面的热流密度的获取及建筑周围的风环境预测等。但大多数成果集中在单一构件或材料的检测方面,并且主要是在实验室中进行的,缺乏真实环境的验证和实践应用。虽然很多研究提出了疑问也阐明了对新方法的需求,但由于围护结构热工性能检测的复杂性,即使近年来也有红外热像法应用于外墙传热系数检测的相关研究,对于整体建筑的节能评价或测定而言,现有的量化分析方面的研究成果仍很少见且不成完整的体系。

(3) 机器学习作为实现人工智能的一种方法,在多个领域得到广泛应用。机器学习算法在室内热环境的研究领域、建筑能耗预测和缺陷诊断方面已取得显著成果,但在外墙传热的研究方面较为薄弱。并且在建筑热工性能检测方面大多以传统机器学习算法为主,例如,径向基神经网络和多层感知器神经网络等。本书将选取多种机器学习算法用于外墙热阻的预测,并通过对比分析得到最佳方案。

1.3　概念的界定及有关问题的说明

1.寒区

我国气候分区按照现行国家标准《民用建筑热工设计规范》(GB 50176—2016) 的规定主要划分为严寒地区、寒冷地区、夏热冬冷地区、夏热冬暖地区、温和地区等五个气候区。

本书中"寒区"包括严寒地区和寒冷地区两大气候区。严寒地区是指我国最冷月平均温度小于等于－10 ℃或日平均温度小于等于5 ℃的天数大于等于145天的地区,主要分布在东北三省、内蒙古、新疆北部、西藏北部、青海等地区。寒冷地区是指我国最冷月平均温度满足－10 ～ 0 ℃,日平均温度小于等于5 ℃的天数为90 ～ 145天的地区,主要是指我国北京、天津、河北、山东、山西、宁夏、陕西大部、辽宁南部、甘肃中东部、新疆南部、河南、安徽、江苏北部以及西藏南部等地区。

2.寒区建筑外墙

不同的气候条件对建筑提出了不同的设计要求,需要明确建筑和气候两者的科学联系。夏热冬暖、夏热冬冷和温和地区需要通风、遮阳、隔热,而严寒和寒冷地区则需要采暖、防冻和保温。外墙是建筑的主要构件之一,在建筑节能中起到关键作用。

寒区建筑因其地域气候特征为冬季室外温度较低,建筑墙体多采用保温墙体,外墙传热系数的检测需要较大的室内外温差条件。因此,本书的研究目标为严寒地区和寒冷地区范围限定下的民用建筑外墙,实指冬季室内采取采暖系统的常见建筑外墙形式。具体的物理模型类型将在第 3 章中详细介绍。

3.研究内容与研究框架

本书将研究目标限定为寒区建筑外墙热阻,提出了基于非稳态传热理论,结合红外热像法和机器学习算法,通过导热反问题的思路辨识得到建筑外墙热阻的研究方案,具体研究内容如下。

(1)对建筑外墙传热系数现场检测方法的研究现状进行阐述,对红外热像法和机器学习算法在建筑领域的研究进展进行归纳总结(第 1 章)。从非稳态传热角度出发,在建筑传热理论和系统辨识理论基础上提出通过导热反问题思路辨识外墙热阻的方案,给出了基于机器学习算法的热阻辨识技术路线(第 2 章)。

(2)建立外墙传热数值模型并通过实验对其准确性进行验证。基于我国严寒地区和寒冷地区常见建筑外墙类型确定物理模型类型,作为本书主要的研究样本,对其传热过程进行数值实验和分析,得到墙体温度分布和变化规律,获取足够数量的数据以用于热阻辨识模型的建立。(第 3 章)

(3)利用人工神经网络建立外墙红外测温数据的修正模型,为检测系统的准确性提供保障。同时对红外热像法得到的温度图像进行处理,编写能够快速提取墙体壁面有效区域温度数据的程序代码,为检测方法的快速数据处理奠定基础。(第 4 章)

(4)利用机器学习算法建立建筑外墙热阻检测模型。通过理论分析确定热阻辨识模型的输入参数为时间序列、室内平均温度、室外温度和墙体内外壁面平均温度。选取三种人工神经网络方法和PSO－SVM算法建立建筑外墙热阻辨识模型,并比较其样本集数据的预测能力和检验集数据的泛化能力,得到最佳模型用于最终建立基于红外热像法的传热系数现场检测方法。(第 5 章)

(5)利用实验室检测和现场检测方法对几组建筑外墙传热系数进行检测分析,验证红外热像法检测方法的可行性,最终形成一套快速、自动化程度高的建筑外墙热阻现场检测方法。(第 6 章)

本书的研究框架如图 1.4 所示,以"从简单到复杂,理论分析与实证研究相结合"为指导原则展开研究。先从简单的单一材料单层平壁墙体模型入手,逐渐扩展至多层平壁、复合壁模型,再到实际墙体,开展数值实验、现场实验,以上述实验中获取的数据为基础,建立基于红外热像法与机器学习的热阻动态辨识方法。

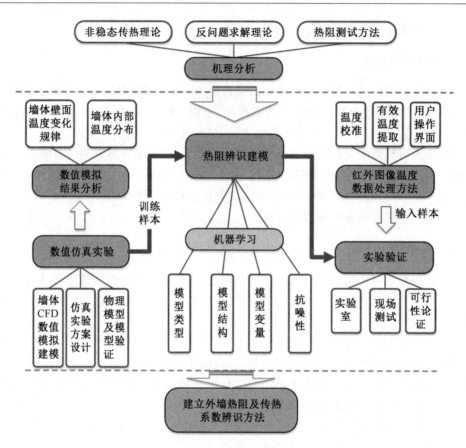

图 1.4　　研究框架

第 2 章　　外墙热阻辨识方法理论分析

外墙是建筑围护结构的重要组成部分,其热工性能对整个建筑的能耗和室内环境质量均有显著的影响。因此,研究外墙的热工特性对建筑节能和实现建筑的可持续发展具有重要的指导意义。

建筑外墙总热阻是体现建筑围护结构保温性能优劣程度的重要指标,本章将从导热反问题的思路出发,建立非稳态传热模型,为构建建筑外墙热阻辨识模型奠定理论基础。

2.1　外墙导热正问题数学模型

2.1.1　控制方程

建筑围护结构在时刻动态变化的室内外热湿因子作用下,其本身的温度场也随之变化,即围护结构内发生的是非稳态传热。实际的围护结构中可能存在空气间层,此时热量不是单纯以热传导方式传递,热对流及热辐射也在同时发生。本章主要目的是对导热热阻辨识方法进行理论分析探讨,热传导这种热量传递方式是主要的关注对象。因此,此处假设墙体均由实体材料层构成,墙体中发生的是纯导热过程。

密实固体中发生的非稳态导热过程可以用下式描述:

$$\rho c = \frac{\partial t}{\partial \tau} = \frac{\partial}{\partial x}\left(\lambda \frac{\partial t}{\partial x}\right) + \frac{\partial}{\partial y}\left(\lambda \frac{\partial t}{\partial y}\right) + \frac{\partial}{\partial z}\left(\lambda \frac{\partial t}{\partial z}\right) + \dot{\Phi} \tag{2.1}$$

式中　　t—— 温度(℃);

τ—— 时间(s);

ρ—— 材料密度(kg/m³);

c—— 比热容(J/(kg · ℃));

λ—— 材料的导热系数(W/(m · K));

$\dot{\Phi}$—— 内热源产热量(W/m³)。

为了抓住问题的主要矛盾、提高效率且不影响分析结果的准确性,此处对墙体导热过程做以下简化假设:

(1)同一构造层内材料是均质的、各向同性的;

(2)各层均为实体材料层;

(3)热物性参数均为常量;

(4)墙体内无内热源;

（5）忽略湿传递。

基于上述假设,式(2.1)可进一步写为

$$\frac{\partial t}{\partial \tau} = \frac{\lambda}{\rho c}\left(\frac{\partial^2 t}{\partial x^2} + \frac{\partial^2 t}{\partial y^2} + \frac{\partial^2 t}{\partial z^2}\right) \tag{2.2}$$

2.1.2　初始条件与边界条件

对于本章研究的墙体非稳态导热过程,作用于墙体内外壁面的边界条件参数随时间发生变化。

（1）初始条件。

墙体传热过程开始时,整个区域中的温度为已知,用公式表示为

$$T\mid_{t=0} = \varphi(x,y,z) \tag{2.3}$$

式中　$\varphi(x,y,z)$——已知温度函数。

（2）边界条件。

在本章研究中,对外墙主体来讲,因墙体的高度和宽度均比厚度大很多,除墙的内外壁面之外的其他四个面均可视为绝热,墙体假设模型如图 2.1 所示。

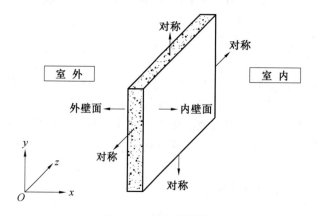

图 2.1　墙体假设模型

墙体内壁面和外壁面均按第三类边界条件考虑,同时考虑对流和辐射作用,有

$$-\lambda \frac{\partial t}{\partial n}\bigg|_{s} = h(T_s - T_f) + \varepsilon\sigma(T_s^4 - T_{sur}^4) \tag{2.4}$$

式中　h——内外壁面的换热系数（W/(m² · K)）;

$\dfrac{\partial t}{\partial n}$——温度梯度;

T_f——温度（K）;

T_s——壁面平均温度（K）;

T_{sur}——环境表面温度（K）;

ε——发射率;

σ——黑体辐射系数,5.67×10^{-8}（W/(m² · K⁴)）。

2.2　外墙导热热阻反问题描述

2.2.1　传热学反问题概述

传热学反问题是在温度已知的前提下,对导热微分方程进行求解,进而获得初始条件、内热源项、物体表面的边界条件或对流换热系数等其他信息。Shumakov 于 20 世纪 50 年代末打开了传热学反问题的研究大门,紧接着 Mirsepassi 和 Stolz 的研究使传热反问题得到了广泛关注,20 世纪 80 年代国内开始相关研究。

传热学反问题是广义数学物理反问题中的一个重要分支,具备非线性、不适定性和计算复杂性等特征。20 世纪 70 年代,Tikonov 利用正则化方法对数学物理反问题的不适定性进行了改善,开创了解决反问题不适定性方法的先河,后人也在此基础上提出了多种改进的正则化方法,并开发出更多其他方法,这些方法多以优化技术为基础,比较典型的方法有共轭梯度法、最速下降法、机器学习算法、Levenberg-Marquard 算法、遗传算法及谐波反应法等。计算机的发展对传热学反问题的改进研究起到了推波助澜的作用。例如,Huntul 等人进行了基于 lsqnonlin 函数的机器学习算法在导热系数反问题中的应用研究,并验证了实验结果的准确性和稳定性。Sun 等人应用基于序列二次规划(SQP)优化的机器学习算法,对一维和二维辐射传导系统的时间、空间边界条件进行了重构,反演结果表明,该算法对耦合辐射热传导系统热边界条件的重构具有鲁棒性。Lee 等人通过将基于排斥粒子群优化(RPSO)的机器学习算法应用于热传导反问题,证明其作为反问题求解器的性能和效率。对一维导热反问题中时变平面热源未知参数进行估计,并分析未知热源形式、参数个数、测量误差和总体尺寸对估计精度的影响。可以看出,机器学习算法在传热学领域的应用越来越广泛,本书也将采用机器学习算法进行外墙热阻的辨识研究。

2.2.2　外墙导热热阻反问题建立

按照现行《居住建筑节能检测标准》(JGJ/T 132—2009),建筑外墙主体部位传热系数的检测方法是将现场测试得到的热阻与两侧壁面换热阻(按照标准规定取值)求和再取倒数得到的,所以检测传热系数的关键是获取墙体热阻 R,传热系数用公式表示为

$$K = \frac{1}{R_i + R + R_e} \tag{2.5}$$

式中　　K——传热系数(W/(m² · K));

　　　　R——墙体热阻(m² · K/W);

　　　　R_i、R_e——内、外壁面换热阻(m² · K/W)。

热阻是为方便工程应用与分析,由对一维稳态大平壁导热应用傅里叶定律推导而来的。一维稳态大平壁导热热流密度计算公式为

$$q = \frac{\lambda \cdot \Delta t}{d} \tag{2.6}$$

式中　　q——热流密度(W/m²);

       λ——导热系数（W/(m·K)）；

       Δt——两侧壁面温差（K）；

       d——壁厚（m）。

对式（2.6）变形，得到

$$q = \frac{\Delta t}{d/\lambda} \tag{2.7}$$

令

$$R = \frac{d}{\lambda} \tag{2.8}$$

则 R 被定义为热阻。在此基础上又衍生出多层平壁、组合平壁的热阻计算公式，此处不赘述。因热阻计算公式中含有几何尺寸因子，所以热阻不是物质固有物理属性，可以称之为"准热物性"。从其定义式（2.8）可知，若 d 和 λ 确定，其热阻即被唯一确定。由此还可以推导出

$$R = \frac{\Delta t}{q} \tag{2.9}$$

即热阻的数值也等于壁两侧壁面温差与热流密度的比值，这也就是目前常用的热流计法或热箱法测热阻所依据的原理。

描述常物性无内热源单一材料导热体的非稳态导热微分方程为

$$\rho c = \frac{\partial t}{\partial \tau} = \lambda \, \nabla^2 t \tag{2.10}$$

式中 ρ——密度（kg/m³）；

       c——比热容（kJ/(kg·℃)）；

       ∇^2——拉普拉斯算子。

若导热体为平壁，其壁厚为 d，将式（2.10）做如下变形推导，可得到包含热阻的方程：

$$\rho c \, \frac{\partial t}{\partial \tau} = \lambda \, \nabla^2 t \quad \Rightarrow \quad \rho c \, \frac{\partial t}{\partial \tau} = d \, \frac{\lambda}{d} \, \nabla^2 t \tag{2.11}$$

可将式（2.11）改写为抽象函数形式：

$$R = f(x, y, z, t, d, \rho, c, \tau) \tag{2.12}$$

从式（2.11）与式（2.12）可以看出，在单值性条件给定的情况下，一维稳态导出量热阻 R 与三维瞬态导热时的温度分布之间是存在函数关系的。或者说，当给定了必要的单值性条件，若瞬态温度场已知，则理论上 R 值是可求的。这实质上是一个反问题，即可以利用式（2.11）所描述的温度场与相关的热过程及热物性之间的内在联系，反演求得热阻。

传热反问题是相对于正问题而言的，简而言之就是由果求因。反问题一直是工程技术领域的重要话题，但在建筑热工领域还极少被提及和应用。传热反问题求解的最大困难是它的非适定性，但对于热阻的反演问题，其解的存在性从机理分析来看是可以确定的。实际建筑外墙构成复杂，且影响其热过程的因素众多，利用传统的数值方法和解析方式几乎是无法解决的。若已知信息是由测试得到的，如可以由红外热像仪测得温度分布，这类反问题称为辨识问题，其中，求模型称为系统辨识或模型辨识。系统辨识是利用已知先验信息和输入－输出数据来建立系统数学模型的科学，广义的系统辨识包含了机器学

习算法(如人工神经网络)。对于热阻反演求解问题,只要正问题已能正确解决,建立起输入－输出关系,理论上就可利用系统辨识方法求解。

2.3　　外墙热阻辨识技术路线

2.3.1　系统辨识方法概述

系统辨识(system identification)是现代控制理论中的一个分支,其根据系统的输入－输出时间函数来确定描述系统行为的数学模型。通俗来说,系统辨识能够帮助人们对未知系统建立一种因果关系,人们对系统的构成原理无须完全知晓,因此系统辨识可以看作"灰箱"问题。

辨识系统的建立过程如下:首先,根据已知信息选定模型,确定模型结构等基本信息;其次,获得输入、输出数据;然后,对模型参数进行辨识和优化;最后,对模型进行检验。

传统的系统辨识方法包括脉冲响应法和最小二乘法等,新型的方法包括阶小波分析、遗传算法、模糊逻辑、人工神经网络等。

如今,系统辨识理论在实际运用中得到了飞速发展,在建筑领域也取得了一定成果:陈友明等人通过系统辨识的方法从墙体非稳态传热的理论频率响应中辨识出一种简单的 s 传递函数,进而计算出墙体反应系数和 z 传递系数,并验证了该计算方法的可靠性。李玉波根据系统辨识理论建立了围护结构传热过程的数学模型,为了模型求解的方便,参数模型的建立过程从各个方面进行简化,确定为单输入、单输出、线性、定常、随机系统的模型,进而推导出围护结构综合传热系数的表达式。Kim 等人在总结其他系统辨识文献的基础上,建立了一种建筑闭环热力系统辨识模型,在其供热量未知的情况下,从数据中提取改进的钢筋混凝土网络构建模型,通过实验验证该方法优于传统"灰箱"建模方法。Li 利用系统辨识方法分析了台风对高层建筑的影响,提出了一个建筑高层顶部位移比与台风振幅基频的关系公式,实测数据和统计参数为台风多发区高层建筑抗风设计提供了有益的信息。

近年来出现的深度学习、机器学习等方法受到广泛关注,使得系统辨识方法的模型精度不断提高,能够更高效地解决非线性问题以及其他更加复杂、烦琐的问题。

导热反问题的不适定性和非线性,使其求解比较困难,已有的求解方法,诸如共轭梯度法、单时间步法等方法均存在反演时间长、结果波动大等缺点。而机器学习算法(包括人工神经网络)高效智能、简单可靠,适合解决非线性时变问题,可以避开理论建模过程中复杂的数学求解过程,对输入变量和输出变量经过一定的算法辨识,得到相应的墙体热阻估计值。

因此,针对热阻动态辨识问题的特点,鉴于机器学习算法的优势,本书将采用机器学习算法进行导热反问题的研究。

2.3.2　外墙热阻辨识建模方案

基于机器学习算法的外墙热阻辨识模型的建立主要包含以下步骤。

（1）确定输入变量参数。

输入变量参数的选择直接影响热阻辨识的准确性。从机理分析角度，通过式(2.12)可以看出，当给定了必要的单值性条件，在已知时间序列和墙体内外壁面平均温度等参数的情况下即可辨识得到热阻，而室内平均温度和室外温度作为边界条件对热阻的辨识也会有一定的影响，具体影响结果将在5.1.2节中进行探讨。总之，经过分析确定输入变量参数包括时间序列、室内平均温度、室外温度和墙体内外壁面平均温度等。从现场进行热阻实测的实际应用角度考虑，这些参数有的容易获取，有的则较难获取；并且，红外热像仪拍摄获得的温度图像数据的复杂性使得本项目中的样本数据具有两个关键特征，即高维度和大尺度特征。而机器学习算法可以从纯数据角度自动分析获得物理量之间的变化关系规律。所以本书将充分结合传热学反问题及机器学习算法的特点，根据实际应用条件的可行性，通过系统辨识得到外墙热阻值。

（2）获取输入、输出参数数据。

通过 CFD 数值实验获取辨识系统搭建所需的输入、输出参数信息，采集到的输入变量信息应尽可能多地包含系统特征的内在信息，并需要足够数量的样本信息以保证模型训练的准确性。

（3）构建模型。

机器学习算法众多，根据所要解决的问题特征以及各种方法的原理可以基本确定辨识模型的构建方法。本书所研究问题具有时变性和非线性等特征，因此选取解决这类问题具有显著优势的 BP、RBF、GRNN 三种神经网络以及 SVM 支持向量机算法，并比较训练结果，选出最优方法用于建立外墙热阻的辨识系统。

模型的构建在机器学习这一问题上主要表现为模型结构的确定和模型参数的辨识。模型结构的确定即模型选型，是根据已有的信息基本确定模型结构，应采用尽可能简单的模型来描述待辨识系统。模型参数辨识则是通过不断调试和优化参数，最终达到模型输出逼近系统输出的目标。

（4）检验模型。

模型的检验包括辨识系统的自我检验和实验验证：通过自我检验可不断修正模型、提升模型的准确度；实验验证则一般通过实验室检验和现场检验两种方法验证模型的实际应用效果。

总之，在系统辨识前，掌握被辨识系统的一些先验知识可以提高建模效率，这对实验设计、模型的构建和优化都至关重要。基于机器学习的外墙热阻动态辨识模型的基本思路如图 2.2 所示。

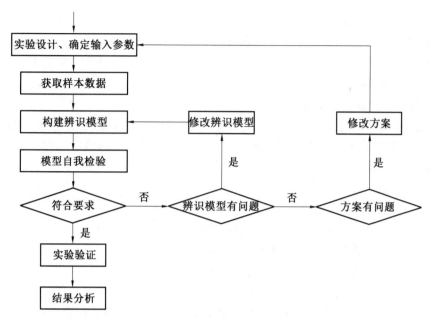

图 2.2　基于机器学习的外墙热阻动态辨识模型的基本思路

2.4　关于变导热系数的考虑

导热系数是描述材料导热能力的性能参数,在研究墙体传热问题中起到关键作用。而导热系数通常被假定为定值,根据 ASTM 标准,材料采用的导热系数一般是在 24 ℃ 的特定环境下估算的。而事实上它并非一成不变,导热系数受多个因素的影响,如温度的变化会引起导热系数的变化,湿度也会影响材料的导热系数,大部分保温材料的导热系数会随温度和含水量的增加而增加。另外,材料的密度也对导热系数有较大影响。材料的导热系数是决定墙体热阻的关键因素,若干研究表明,理论估算的热阻值通常高于实测值。

在正常温度范围内,大部分保温材料的导热系数和温度的关系可以用一元线性函数表示为

$$\lambda = \lambda_0 + bt \tag{2.13}$$

式中　　λ_0—— 材料在 0 ℃ 时的导热系数(W/(m·K));

b—— 常数,其数值与物质的种类有关。

在实际应用中,墙体的两个壁面之间存在温度差,特别是在冬季,并且沿热流方向的温度分布是变化的。理论上,传热过程中材料的导热系数应根据式(2.13)计算,这不可避免地使问题更加复杂和困难。

然而,如果把导热系数当作常数,它会带来多少偏差? 本书以两块厚度分别为300 mm 和 100 mm 的 EPS(可发性聚苯乙烯)板为例,采用导热系数恒定和导热系数随温度变化两种方法对热阻结果进行了比较。假定 EPS 板处于稳定状态,EPS 板内外壁面的温度分别为 -20 ℃ 和 20 ℃。根据文献[137]提供的 EPS 板材料参数,式(2.13)中的参数值被设置为 $\lambda_0 = 0.034$ W/(m·K),$b = 3.61 \times 10^{-4}$。

（1）导热系数为定值。

当温度为 0 ℃ 时，EPS 板的平均温度为（− 20 ℃ ＋ 20 ℃）/2 ＝ 0 ℃，导热系数为 0.034 W/(m·K)。厚度分别为 300 mm 和 100 mm 的 EPS 板的热阻分别为 8.772 m²·K/W 和 2.924 m²·K/W。

（2）导热系数随温度变化。

采用离散化方法将 EPS 板等分成若干层，根据各层的平均温度计算各层的热阻，最后，将各层热阻进行叠加，得到 EPS 板的总热阻。材料层中的温度分布可以通过分离变量法对傅里叶定律积分得到，即

$$t = -\frac{1}{b} + \left[\left(t_1 + \frac{1}{b} \right)^2 + 2 \left(t_m + \frac{1}{b} \right) \left(\frac{t_2 - t_1}{x_2 - x_1} \right) (x - x_1) \right]^{1/2} (b \neq 0) \quad (2.14)$$

式中　　t_m——墙体热面和冷面温度的平均值，$t_m = (t_1 + t_2)/2$；

　　　　t_1、t_2——墙体热面和冷面的温度（℃）；

　　　　x_1、x_2——热面和冷面的坐标；

　　　　x——某层坐标。

理论上，分层越多，热阻计算结果越精确。当导热系数作为常数值时，材料等效于被分成一层。图 2.3 所示为根据不同数量的分层计算得到的热阻值。当层数为 100 时，300 mm 和 100 mm 的 EPS 板热阻分别为 8.870 m²·K/W 和 2.957 m²·K/W，与导热系数为定值时相比，热阻偏差分别为 0.098 m²·K/W 和 0.033 m²·K/W。对于图 2.3 所示的数据，两种方法之间的最大差值比率不超过 1.2%。因此，无论是否将导热系数作为常数值处理，它对具有一定厚度的墙体热阻值均几乎没有影响。

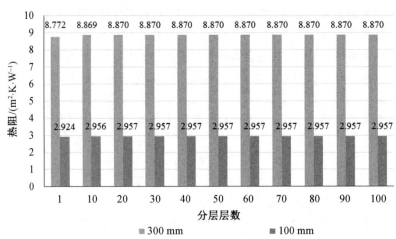

图 2.3　根据不同数量的分层计算得到的热阻值

另外，一部分文献研究也指出：当大多数材料用作外墙构造时，温度或含水量对导热系数偏差的影响要比作为屋顶构造时小得多，主要原因是屋顶受太阳辐射的影响较大，本书的研究仅涉及外墙且完全不受太阳辐射的影响。综上所述，本书暂且不考虑导热系数变化的问题。

2.5　　本章小结

本章为建筑外墙热阻辨识方法的建立提供了理论依据。研究成果包括：

（1）从导热正问题的角度出发介绍了墙体传热过程的数学模型。在建筑传热理论和系统辨识理论基础上给出了通过导热反问题求解建筑外墙热阻的思路。

（2）对系统辨识方法进行概述，介绍了外墙热阻辨识建模的技术路线。

（3）讨论了变导热系数对外墙热阻的影响。

第3章　外墙传热仿真数值实验

本章的目的是通过数值实验获取热阻辨识建模所需的样本数据。采用计算流体力学(Computational Fluid Dynamics,CFD)模拟软件对第2章建立的数学模型进行求解,并通过实验方法对数值模拟模型进行验证;在调研寒区常见民用建筑外墙构造形式的基础上,选定了几种典型的墙体构造形式;通过数值实验获得不同工况下各形式墙体的温度分布和变化规律并展开相关分析。

3.1　数值模型

3.1.1　CFD数值实验概述

墙体传热特性一直是国内外建筑节能领域的研究热点,通常所采用的研究方法包括三类:数学分析法、实验测量法和数值模拟法。数学分析法是墙体传热研究的传统方法,也是传热学理论研究的基础方法。数学分析法在墙体传热的研究方面主要以求解墙体导热方程、计算建筑热负荷等研究为主,但数学分析法求解过程复杂,可能无法获得唯一解且结果不直观,因此,数学分析法难以得到广泛应用。实验测量法是研究传热学的有效手段,但有其局限性,例如实验环境难以实现,实验台搭建困难,实际操作过程中干扰因素较多等,因此很难得到精准的实验结果。作为一种新兴的科学研究方法,数值模拟法是随着计算机技术的发展而被广泛应用的,数值模拟法通过划分网格对传热方程离散化,并利用计算机进行数值求解,计算方便简单、易于理解。

建立热阻辨识模型需要大量的训练样本数据,以保证模型的准确性,通过实验测量法获取数据面临的问题较多:① 工作量极大,耗时耗力;② 实验工况复杂,数据处理量大;③ 实验可能带入误差的因素较多,如污染、操作失误等;④ 实验是一个简化模型体系,并不是完全的现实。数值模拟法是建立建筑围护结构动态传热模型的常用方法,其中CFD数值实验是有限条件内获取实验数据的有效方法之一。因此,本书将采用CFD数值分析方法来建立建筑围护结构动态传热模型,并通过数值实验获取热阻辨识系统建立过程中所需的训练样本数据。

CFD以电子计算机为工具对各种流体力学的实际问题进行模拟研究,建立数学模型并对其离散化,进而进行数值求解,以用于数值实验和分析研究。

CFD数值实验可以缩短实验周期,降低实验成本,并能够减少实验过程中不利因素的干扰,模拟实际情况下难以实现的工况,与实验测量法相比,可以在短时间内获取详细准确的实验数据。CFD 数值实验可用于不同尺度空间的研究,大至气象尺度上的中尺度空间,小至细窄的设备管道。大量的文献也表明 CFD 数值实验是获取实验数据的常用方法。Francisco 等人综述了利用 CFD 方法进行城市风能开发和建筑空气动力学数值实验的研究进展,总结发现使用 RANS 湍流模型和 ANSYS 软件的较多。Toparlar 等人总结了利用 CFD 方法进行城市微气候仿真实验的研究进展,研究数据表明,自 1998 年至 2015 年,利用 CFD 方法进行城市微气候数值模型实验的文献数量每年都在迅速增加。王频运用数值模拟软件 ENVI-met 建立了不同模拟工况下的中央商务区整体层物理模型和单元层面街坊的物理模型,分析了各自的热环境影响要素,总结得出有利于热环境的规划设计控制要点。

总结现有文献发现:CFD 在建筑领域的应用中以通风为主的建筑室内外环境模拟设计和暖通空调空间的气流组织设计最为广泛,但也有少量研究将 CFD 应用于建筑墙体外墙热工性能研究方面。Emmel 利用 CFD 软件建立了一个低层建筑的风环境模型,并对其外壁面换热系数进行了计算,结果表明:风速和风向对墙体外壁面的换热系数有影响,垂直壁面和屋顶的风向对对流换热系数有显著影响,当风速大于 2 m/s 时,墙体外壁面与接触的温度差可以忽略不计。Suleiman 等人对利比亚传统民居的外墙传热系数进行了测量,并利用软件模拟进行验证和分析,得到传热系数过高会增加热负荷,降低使用者舒适度的结论。Yang 等人利用 CFD 模拟研究了空心砌块的热工性能,以及空腔尺寸对传热性能的影响。刘凌运用 ANSYS 软件建立了稳态传热条件下 DS 承重空心砖和 KP1 多孔砖所在的传热模型,并模拟不同的工况,将不同砌块热工参数的模拟结果分别与理论值和实测值进行对比,证明了 CFD 方法的可靠性。

将 CFD 数值实验与机器学习算法结合使用是获取研究成果的一种高效经济的手段。本书将通过 CFD 数值实验来进行建筑围护结构传热分析,并获取足够量的样本数据,以用于热阻辨识系统的建立。

3.1.2 模型建立

本书采用 FloVENT 软件建立外墙传热数值模型并进行求解。FloVENT 是一款专门针对建筑领域的计算流体力学(或计算传热学)软件。

(1)控制方程离散方法。

外墙传热数学模型已在 2.1 节中介绍。FloVENT 的数值模型建立和对控制方程式(2.2)的离散采用的是有限体积法(Finite Volume Method,FVM),数值计算方法采用有限体积的 SIMPLEC 算法,对流项采用二阶迎风格式进行离散。有限体积法也称为控制体积法,其基本思想是将计算区域划分为一系列非重复的控制体积,将待解的微分方程对每个网格点周围的控制体积进行积分,最终获得一组离散方程。

目前的湍流数值模拟方法可分为直接数值模拟方法和非直接数值模拟方法,非直接数值模拟方法可分为大涡模拟、统计平均法和 Reynolds 平均法。本书对湍流的数值模拟将采用 Reynolds 平均法中涡黏模型里的标准 $k-\varepsilon$ 模型,标准 $k-\varepsilon$ 模型已在多种工程应用中进行了实验和测试,是目前使用最广泛的湍流模型,该模型简单稳定,收敛过程不易发散。

（2）物理模型。

本节的目的是建立数值模型并利用实物实验验证其准确性。实物实验在哈尔滨工业大学寒地城乡人居环境科学与技术工业和信息化部重点实验室的门窗传热系数检测系统内完成，该系统可以模拟实际温度变化情况。检测系统及现场测试照片分别如图 3.1、图 3.2 所示，其主要技术参数如表 3.1 所示。该装置用于安装测试构件的洞口尺寸为 1 550 mm × 1 650 mm，数值实验所用的墙体也采用此尺寸。

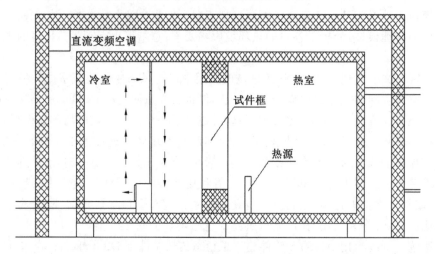

图 3.1　检测系统图

图 3.2　现场测试照片

表 3.1　设备的主要技术参数　　　　　　　　　　　　　　　℃

调温箱	控温范围	测量精度	控温波动范围
热室	18 ～ 50	±0.2	0.01 ～ 0.1
冷室	－21 ～ －10	±0.2	0.01 ～ 0.1

在数值模型准确性验证中，选择 20 mm 厚石膏板墙体作为研究对象，对其动态传热过程进行数值模拟和实际测试。石膏板主要物理性质如表 3.2 所示。图 3.2 显示出了石膏板墙体在环境舱中的安装情况，在墙体壁面设置了温度监测传感器 1 与 2，温度传感器采用美国 DALLASS 一体化数字温度传感器。图 3.3 所示为利用 FloVENT 建立的墙体尺寸示意图，该软件可设置温度监测点，石膏板冷室与热室两侧壁面在相同位置布置测点。

表 3.2　石膏板主要物理性质

材料名称	密度 /(kg·m⁻³)	比热容 /(J·kg⁻¹·K⁻¹)	导热系数 /(W·m⁻¹·K⁻¹)
石膏板	1 050	1 100	0.3

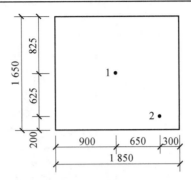

图 3.3　试件尺寸及测点位置(单位:mm)

(3) 初始与边界条件。

门窗传热系数检测系统配备有自控系统,可方便实现所需的室内外边界条件。在模型验证中,数值模拟模型与环境舱中墙体两侧的初始边界条件设置完全一致。

为了验证室外动态(准周期性) 边界条件下的墙体传热模型,将模拟单周期时长设为 24 h,模拟过程中的时间步长设为 30 min。冷室的温度根据 2015 年 11 月 12 日 1:00 至 24:00 期间哈尔滨室外实测数据运行,热室的温度保持在 18.0 ℃。模拟的初始时刻(即 0 时刻),冷室与热室的平均温度分别为 −5.2 ℃ 和 18.0 ℃。在测试之前模拟舱已运行 24 h,使冷室和热室分别达到 −5.2 ℃ 和 18.0 ℃ 的相对稳定状态。冷室的单周期温度变化如图 3.4 所示。

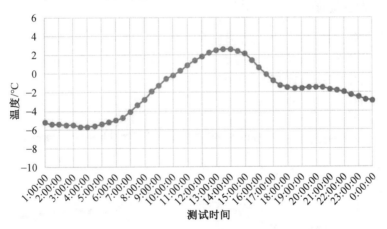

图 3.4　冷室的单周期温度变化

(4) 网格划分。

网格的数量和质量对模型质量和计算结果的精准度起决定作用,因此,网格划分是模型计算前的关键步骤。另外,对物理量梯度大的部位需做加密处理。但是网格数量的增加也会导致模型规模的增加,必将加长计算时间,所以在划分网格时要综合考虑。

FloVENT 中提供了可视化的网格划分功能界面,如图 3.5 所示,并可对局部网格进行细化处理。综合考虑计算时间与计算准确度,确定模型的网格总数为 7 200。需要说明的是,经试算,在网格继续加密、数量继续增加后,与现有的网格计算结果对比,温度的计算数值变化极其微小。

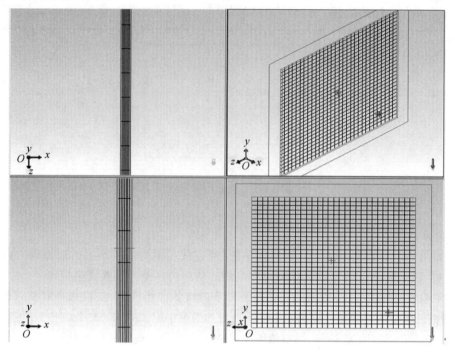

图 3.5　石膏板墙体网格划分

3.1.3　模型验证

实验及模拟得到的内外壁面测点温度数据如图 3.6 所示,对比结果显示,实验数据与模拟数据最大差值为 0.9 ℃,误差平均值为 0.3 ℃。本书所建立的数值模拟模型可以较为准确地模拟出实际情况,精度基本满足要求。

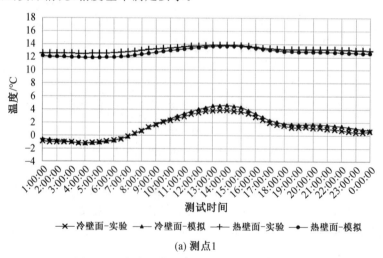

(a) 测点1

图 3.6　实验及模拟得到的内外壁面测点温度

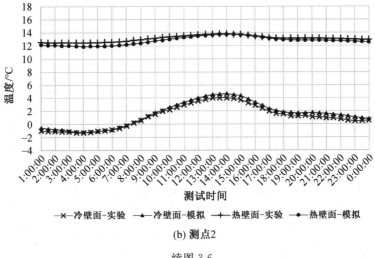

(b) 测点2

续图 3.6

误差产生的主要原因有：① 实验仪器在运行过程中可能存在延迟，导致实际情况和模拟时的边界条件有一定偏差。② 在试件砌筑过程中，可能存在人员操作误差。③ 模拟过程中所用材料的热工参数选自《民用建筑热工设计规范》(GB 50176—2016)，可能与实际值不能完全吻合。

上述原因均有可能导致实验数据与模拟数据存在偏差。

3.2 数值实验方案

3.2.1 墙体构造方案

如前所述，机器学习建模所需数据由 CFD 数值实验获得。本节将以严寒地区和寒冷地区常见的民用建筑墙体形式为原型，建立不同形式的物理模型作为研究对象。通过文献和实际调研，本书选取五种类型的墙体应用于数值模拟模型，分别为单一材料墙体、两种材料复合构造墙体、实墙墙体、含窗户的墙体、含热桥的墙体。物理模型以实墙墙体为主，每一种物理模型又各有若干种不同形式，细分之后，墙体模型共有 26 种。

实墙墙体、含窗户的墙体、含热桥的墙体是在参考国家建筑标准设计图集《住宅建筑构造》(11J930) 基础上，调研现有严寒地区和寒冷地区建筑墙体构造形式之后进行选取的。寒区地区建筑多采用保温墙体，保温墙体是指由承受重力的结构层和保温隔热的保温层组成的复合墙体，墙体保温通常有三种形式，即外墙外保温、外墙内保温和夹心保温。外墙外保温适用范围广，保护主体结构、防潮效果好，有利于提高室内热环境质量；外墙内保温虽然施工简单、造价低，但墙体内壁面容易结露发霉，易产生热桥；夹心保温外墙易形成空气对流，施工相对困难，抗震性差。综合上述特征，目前我国寒区常见的建筑外墙保温形式多为外墙外保温。因此，本书将选取最常见的建筑外墙外保温构造形式的墙体作为实墙墙体构造方案之一。除此之外，我国寒区仍有大量老旧建筑在使用，其构造形式多为砖混结构，这种建筑墙体根据其外墙厚度被称为"三七墙"和"四九墙"。选取这两种构造形式的墙体作为实墙墙体构造方案,也可为老旧建筑的节能保温改造提供数据依据。综上所述,本书的实墙墙体模型构造形式主要包括老旧建筑中的"三七墙""四九墙"及 12 种保温墙体。

物理模型的墙体形式为实际墙体中的常见形式,但窗户和热桥的分布形式在实际建筑中多种多样,物理模型不能以一概全,仅选取具有代表性的形式进行模拟。单一材料墙体和两种材料复合构造墙体虽在实际工程项目中不多见,但考虑到充实训练样本的多样性,并且通过模拟得到更多形式构造墙体的温度分布和变化规律,可以总结出不同材料对墙体传热的影响,因此物理模型中选取了实际墙体中常用的材料来建立单一材料构造墙体和两种材料复合构造墙体模型。

本书所选取的物理模型形式虽不能代表所有的建筑墙体形式,但通过机器学习模型的训练可以总结出不同形式墙体的温度分布变化规律与墙体热阻的关系,进而对其他形式墙体进行推演。

(1)单一材料墙体模型。

单一材料墙体选取的材料为混凝土、EPS 板、木板三种,模型尺寸均为 6 000 mm 长×3 000 mm 宽×300 mm 厚,模型的具体形式如图 3.7 所示,各种材料的主要热工参数及热阻理论值如表 3.3 所示。

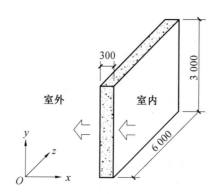

图 3.7　单一材料的物理模型(单位:mm)

表 3.3　各种材料的主要热工参数及热阻(300 mm 厚)理论值

材料	密度 /(kg·m⁻³)	导热系数 /(W·m⁻¹·K⁻¹)	比热容 /(J·kg⁻¹·K⁻¹)	热阻 /(m²·K·W⁻¹)
混凝土	2 000	1.13	1 000	0.270
EPS 板	25	0.035	1 400	8.570
木板	500	0.1	1 000	3.000

本书所有选取材料的热工参数选用依据为《民用建筑热工设计规范》(GB 50176—2016)中的"附录 B 热工设计计算参数"。

(2)两种材料复合构造墙体模型。

两种材料复合构造墙体共选取了三种形式,材料主要包括混凝土、EPS 板与木板,三种材料两两组合,具体组合形式及热阻理论值如表 3.4 所示。每种形式墙体的室内侧厚度为 200 mm,室外侧厚度为 100 mm。

表 3.4　三种复合构造墙体热阻理论值

组合形式	热阻 $R/(\text{m}^2 \cdot \text{K} \cdot \text{W}^{-1})$
200 mm 厚混凝土＋100 mm 厚 EPS 板(2C＋1E)	3.034
200 mm 厚 EPS 板＋100 mm 厚木板(2E＋1P)	6.714
200 mm 厚木板＋100 mm 厚混凝土(2P＋1C)	2.089

(3) 实墙墙体模型。

实墙墙体选取了严寒地区和寒冷地区常见的 14 种建筑外墙形式(构造如图 3.8 所示),模型尺寸为 6 m 长 × 3 m 宽,厚度各不同,保温材料选取了目前常用的 EPS 板、XPS(挤塑聚苯乙烯泡沫塑料)板和岩棉。

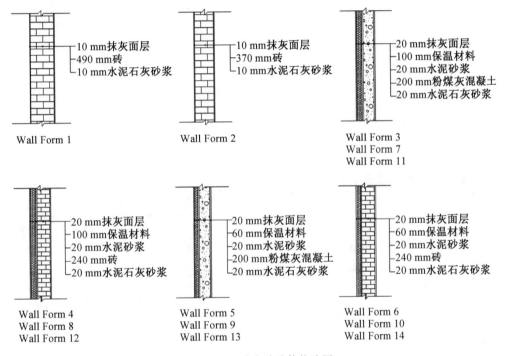

图 3.8　14 种实墙墙体构造图

Wall Form 1:严寒地区老建筑"四九墙",不含保温层。

Wall Form 2:严寒或寒冷地区老建筑"三七墙",不含保温层。

Wall Form 3:严寒地区住宅建筑外墙中包含保温层(EPS 板)的现代常用做法,墙体主体结构为粉煤灰混凝土。

Wall Form 4:严寒地区住宅建筑外墙中包含保温层(EPS 板)的现代常用做法,墙体主体结构为红砖。

Wall Form 5:寒冷地区住宅建筑外墙中包含保温层(EPS 板)的现代常用做法,墙体主体结构为粉煤灰混凝土。

Wall Form 6:寒冷地区住宅建筑外墙中包含保温层(EPS 板)的现代常用做法,墙体主体结构为红砖。

Wall Form 7 ~ Wall Form 10、Wall Form 11 ~ Wall Form 14 分别与 Wall Form 3 ~ Wall Form 6 的结构形式一一对应，仅保温层材料不同。Wall Form 7 ~ Wall Form 10 的保温材料为 XPS 板，Wall Form 11 ~ Wall Form 14 的保温材料为岩棉。实墙墙体中所用各材料的热工参数如表 3.5 所示。

表 3.5　各材料的热工参数

材料名称	密度 /(kg·m^{-3})	导热系数 /(W·m^{-1}·K^{-1})	比热容 /(J·kg^{-1}·K^{-1})
砖	1 700	0.62	800
粉煤灰混凝土	1 700	0.95	1 050
EPS 板	25	0.035	1 400
XPS 板	30	0.03	1 380
岩棉	150	0.04	750
抹灰面层	1 800	0.93	1 050
水泥砂浆	1 800	0.93	1 050
水泥石灰砂浆	1 700	0.87	1 050

14 种实墙墙体的热阻值如表 3.6 所示。

表 3.6　14 种实墙墙体的热阻值

墙体参数	Wall Form 1	Wall Form 2	Wall Form 3	Wall Form 4	Wall Form 5	Wall Form 6	Wall Form 7
热阻 /(m²·K·W^{-1})	0.797	0.641	3.134	3.310	1.990	2.167	3.609

墙体参数	Wall Form 8	Wall Form 9	Wall Form 10	Wall Form 11	Wall Form 12	Wall Form 13	Wall Form 14
热阻 /(m²·K·W^{-1})	3.786	2.276	2.453	2.776	2.953	1.776	1.953

（4）含窗户墙体模型。

含窗户的墙体模型，其窗户尺寸均在严寒地区建筑窗墙比限值（0.25）的基础上设计。含窗户的墙体形式 1（Window Form 1）是在 Wall Form 1 的基础上所做，含窗户的墙体形式 2（Window Form 2）和含窗户的墙体形式 3（Window Form 3）是在 Wall Form 3 的基础上所做，立面及垂直方向剖面尺寸如图 3.9 ~ 3.11 所示，Window Form 2 和 Window Form 3 窗户窗口总面积柜同。窗户为 5 mm 厚玻璃、6 mm 厚空气间层的三层玻璃窗户。

（5）含热桥墙体模型。

三种含热桥的墙体模型均是在 Wall Form 3 的基础上所做，含热桥的墙体形式 1（Bridge Form 1）（图 3.12）的热桥位于墙体中心，尺寸为 600 mm × 600 mm，其构造为

XPS 板缺失,被最外层抹灰材料填充。

　　含热桥的墙体形式 2(Bridge Form 2)(图 3.13)的墙体正中间包含一个横截面尺寸为 300 mm × 300 mm 的钢筋混凝土柱,高度与墙体相同,内外两侧为抹灰。Bridge Form 2 中钢筋混凝土的性能参数如表 3.7 所示。

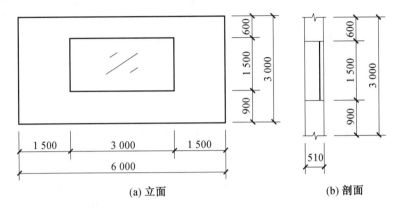

图 3.9　Window Form 1 墙体模型构造图(单位:mm)

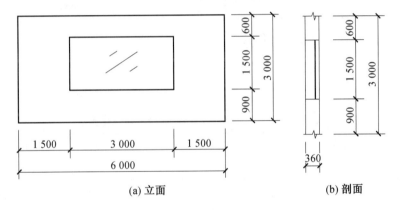

图 3.10　Window Form 2 墙体模型构造图(单位:mm)

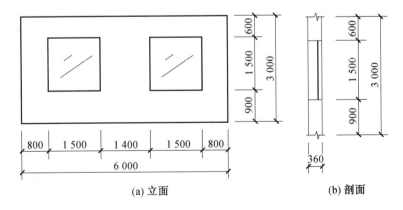

图 3.11　Window Form 3 墙体模型构造图(单位:mm)

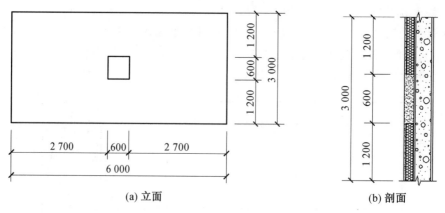

(a) 立面   (b) 剖面

图 3.12　Bridge Form 1 的立面及垂直方向剖面图(单位:mm)

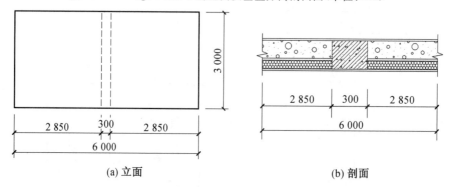

(a) 立面   (b) 剖面

图 3.13　Bridge Form 2 的立面及水平方向剖面图(单位:mm)

表 3.7　Bridge Form 2 中钢筋混凝土的性能参数

材料	密度 /(kg·m⁻³)	导热系数 /(W·m⁻¹·K⁻¹)	比热容 /(J·kg⁻¹·K⁻¹)
钢筋混凝土	2 500	1.74	920

含热桥的墙体形式 3(Bridge Form 3)(图 3.14)热桥部位为 XPS 板及外层抹灰的缺失,未被任何材料填充,位于墙体中心,尺寸为 40 mm×1 200 mm。

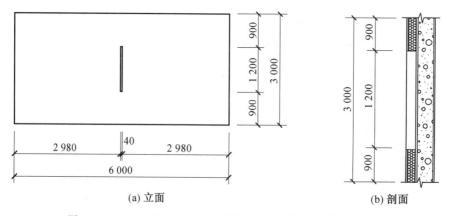

(a) 立面   (b) 剖面

图 3.14　Bridge Form 3 的立面及垂直方向剖面图(单位:mm)

三种含窗户墙体模型及三种含热桥墙体模型,其墙体主体部分的热阻值如表 3.8 所示。

表 3.8　　含窗户墙体模型及含热桥墙体模型的墙体主体部分热阻值

墙体参数	Window Form 1	Window Form 2	Window Form 3	Bridge Form 1	Bridge Form 2	Bridge Form 3
热阻 /(m² · K · W⁻¹)	0.797	3.134	3.134	3.134	3.134	3.134

3.2.2　数值模型参数设定

（1）初始与边界条件。

本书选取室内平均温度恒定和包含室内热源的室内平均温度变化两种工况获取建模所需数据。考虑到研究条件的限制和验证实验实际操作的可行性,数值模拟的室外温度将选取哈尔滨和烟台两个中国寒区城市的典型气象年温度数据。由于严寒地区代表性城市黑龙江省哈尔滨市冬季时间较长,室外温度跨度较大,涵盖范围广,因此,大部分模型的室外模拟温度将选取哈尔滨的典型气象年冬季数据,仅实墙墙体中的 Wall Form 5、Wall Form 6、Wall Form 9、Wall Form 10、Wall Form 13、Wall Form 14 六个模型在模拟时选取寒冷地区的代表城市山东省烟台市的典型气象年冬季数据作为室外模拟温度,哈尔滨和烟台两个城市的典型气象年数据取自《中国建筑热环境分析专用气象数据集》,具体工况如下。

① 室内平均温度恒定。根据《黑龙江省城市供热条例》和《山东省供热条例》的规定,黑龙江省和山东省在供热期内,居民卧室和起居室（厅）都应当满足不低于 18 ℃ 的基本要求。因此,以 18 ℃ 为底线,在舒适温度范围内,室内平均温度恒定选取 18 ℃、20 ℃、22 ℃ 三种情况。此工况在模拟时,初始时刻的室内平均温度等同于恒定之后的温度,即分别为 18 ℃、20 ℃、22 ℃。

《居住建筑节能检验标准》中规定,墙体传热系数的检测应在采暖供热系统正常运行后进行,且室内外温差不得小于 10 ℃。综合考虑,哈尔滨的室外温度选取典型气象年中 11 月 1 日至次年 3 月 31 日的温度数据,烟台的室外温度选取典型气象年中 12 月 1 日至次年 3 月 31 日的温度数据（图 3.15）。模拟过程中时间步长为 1 h。

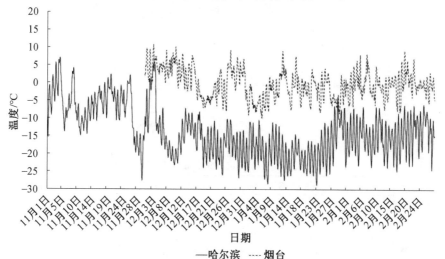

图 3.15　哈尔滨和烟台的室外空气逐时温度

此工况在 CFD 模拟边界设定中,除外墙的内外壁面之外的四个面均设为对称面,如图 2.1 所示。

② 室内平均温度变化。在室内平均温度变化的情况下,通过在房间内设定 200 W、180 W、150 W 三种不同功率的热源实现室内平均温度在一定范围内波动变化。

室内热源为散热器,不考虑辐射板、暖风机等其他散热形式。采暖建筑在设计室内热源功率时,往往会根据实际情况进行热负荷计算,采用间歇式供暖或热负荷可调节式供暖,以满足室内平均温度要求。但考虑到研究时间的限制和软件模拟的复杂性,本书将室内热源设为固定值,物理模型仅选取 14 种实墙墙体构造方案。由于固定的室内热源和变化的室外温度可能会导致室内平均温度波动幅度较大,为防止模拟结果与实际情况偏离过大,因此仅选取 1 月份的室外温度数据进行模拟。室外温度为两个城市最冷月(1 月份)的温度数据。

在数值模拟过程中,初始时刻的室内平均温度为 20 ℃,室外温度为典型气象年数据中 1 月 1 日零点时刻对应的城市温度,模拟过程中时间步长为 1 h。内外壁面的换热系数分别取 8.7 W/(m² · K) 和 23.3 W/(m² · K)。

此工况在 CFD 模拟边界设定中,模拟对象为 6 m 长×6 m 宽×3 m 高的房间,其中一面为外墙,其他三面为内墙,内墙设置为对称墙面;外墙除内外壁面之外的四个面均设为对称面,含热源的房间模拟示意图如图 3.16 所示。热源设于与外墙相对一侧,尺寸为 1 m 长×0.15 m 宽×0.6 m 高,其中心坐标在图 3.16 中为(3,0.175,0.4)。本书通过改变热源的热功率来设定不同的工况,从而对外墙传热情况进行研究。

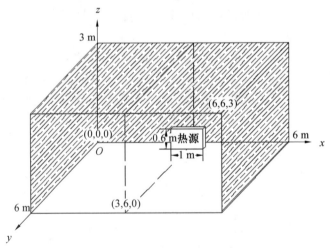

图 3.16 含热源的房间模拟示意图

两类边界条件汇总信息如表 3.9 所示。

表 3.9 两类边界条件汇总信息

边界条件类型	室内热环境	模拟周期	模拟对象
室内平均温度恒定	室内平均温度 18 ℃/20 ℃/22 ℃	11 月 1 日～3 月 31 日(五个月)	全部构造方案(共 26 种)
室内平均温度变化	室内热源 200 W/180 W/150 W	1 月 1 日～1 月 31 日(一个月)	实墙墙体模型(共 14 种)

（2）网格划分。

本书中的墙体模型均为表面为平面的长方体，不存在曲面构造形式，因此采用单元类型为四面体的单元形状来划分网格。不同物理模型的网格数量也不同，墙体构造越简单，层数越少，网格数量越少；包含热桥的墙体模型在热桥部位及交界部位应考虑到网格加密；室内平均温度恒定与室内平均温度变化两种情况的网格划分也不同。各模型的网格总数均存在差异，综合考虑计算时间和计算准确度，在进行网格独立性检验后确定各种模型的网格数量，如表 3.10、表 3.11 所示。在室内平均温度恒定的情况下，部分模型网格划分情况如图 3.17 所示。

表 3.10　室内平均温度恒定时各种模型的网格数量

模型名称	单一材料墙体	两种材料复合墙体	Wall Form 1	Wall Form 2	Wall Form 3
网格数量	9 000	9 000	12 282	12 282	13 050
模型名称	Window Form 1	Window Form 2	Window Form 3	Bridge Form 1	Bridge Form 2	Bridge Form 3
网格数量	93 500	108 800	109 200	320 000	220 000	264 000

表 3.11　室内平均温度变化时各种模型的网格数量

模型名称	Wall Form 1	Wall Form 2	Wall Form 3
网格数量	18 816	19 200	26 880

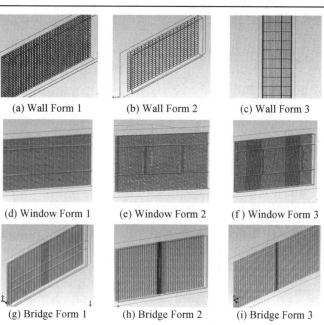

(a) Wall Form 1　　(b) Wall Form 2　　(c) Wall Form 3

(d) Window Form 1　　(e) Window Form 2　　(f) Window Form 3

(g) Bridge Form 1　　(h) Bridge Form 2　　(i) Bridge Form 3

图 3.17　室内平均温度恒定时部分模型的网格划分

3.3　结果与分析

建立外墙热阻值辨识模型所需的样本数据均来自数值模拟结果,26 种物理模型和 6 种边界条件的组合情况如图 3.18 所示。数值模拟结果共分为 120 组,其中室内平均温度恒定情况为 78 组,室内平均温度变化情况为 42 组,最终得到的输入变量有效数据总计 309 600 组。本节将以温度变化曲线和温度分布云图的形式对数值模拟结果做详细介绍,温度变化曲线包含室内外温度和墙体内外壁面平均温度的变化数据,在温度变化云图中可以看到墙体壁面和墙体内部的温度变化。

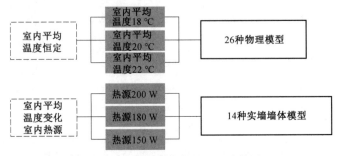

图 3.18　数值模拟结果的组合情况

3.3.1　单一材料构造墙体

1.单一材料墙体模型数据分析

室外温度选取哈尔滨典型气象年 11 月份至次年 3 月份共五个月的温度数据,室内平均温度分别恒定在 18 ℃、20 ℃、22 ℃ 时,单一材料墙体模型模拟得到的墙体内外壁面平均温度及室外温度变化曲线如图 3.19 ～ 3.21 所示。

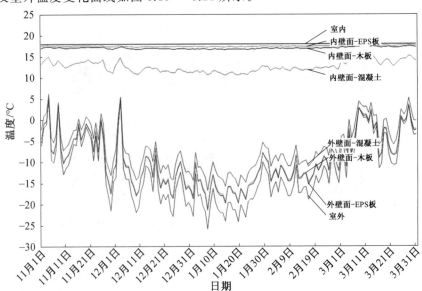

图 3.19　室内平均温度 18 ℃ 时,单一材料墙体内外壁面平均温度及室外温度变化曲线

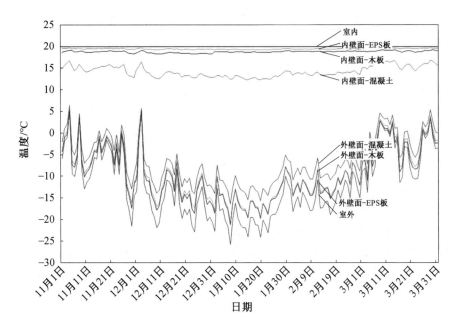

图 3.20　室内平均温度 20 ℃ 时,单一材料墙体内外壁面平均温度及室外温度变化曲线

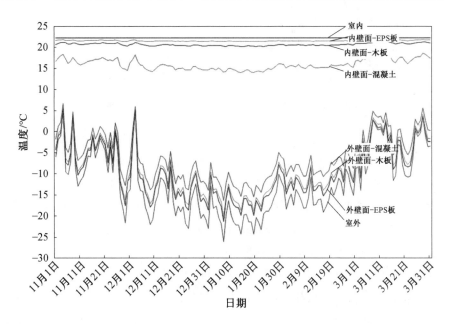

图 3.21　室内平均温度 22 ℃ 时,单一材料墙体内外壁面平均温度及室外温度变化曲线

从图中可以看出,室内平均温度恒定在 18 ℃ 时,同一时刻混凝土构造墙体外壁面平均温度明显高于 EPS 板和木板构造,差异约为 3 ℃;木板和 EPS 板的外壁面平均温度差异甚微。混凝土构造墙体内壁面平均温度最低,其次为木板,EPS 板温度最高;在室外温度最低时,混凝土和木板构造墙体内壁面平均温度最大差异可达约 6 ℃,木板和 EPS 板的内壁面平均温度差异较小,最大差异约为 0.6 ℃;混凝土构造墙体内壁面平均温度随室外

温度变化趋势较为相似,EPS 板和木板的变化较为平缓,随室外温度波动趋势不明显。

室内平均温度分别恒定在 20 ℃、22 ℃时,单一材料墙体的内外壁面平均温度变化曲线与温度恒定在 18 ℃时大致相似,只是随着室内平均温度的升高,墙体内外壁面的平均温度均有升高趋势,内壁面平均温度升高趋势更明显。随室内平均温度的升高,木板与 EPS 板墙体外壁面平均温度差异与内壁面平均温度差异都更加明显,室内平均温度恒定在 22 ℃时,木板与 EPS 板墙体外壁面平均温度最大差异约为 0.3 ℃,内壁面平均温度最大差异约为 1 ℃。

2.单一材料墙体模型温度分布云图

由于时间数据量较大,模拟结果较多,仅以 1 月 1 日 19 时至 1 月 2 日 6 时时间段内的部分模拟结果为例介绍其 CFD 模拟云图。1 月 1 日 19 时至 1 月 2 日 6 时的哈尔滨室外温度变化曲线如图 3.22 所示,最高温为 −18.7 ℃,最低温为 −25.2 ℃,温差为 6.5 ℃。

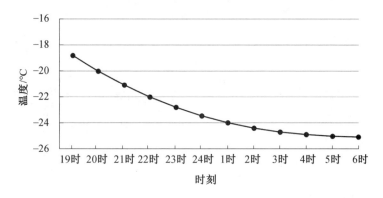

图 3.22　1 月 1 日 19 时至 1 月 2 日 6 时的哈尔滨室外温度变化曲线

由设置条件分析可知,同一时刻墙体内部垂直于表面的各截面温度分布相同,为了简化分析,将选取墙体截面的一小部分做介绍。图 3.23 所示为模拟时间分别为 1 月 1 日 19 时、21 时、24 时,1 月 2 日 3 时、6 时,室内平均温度为 18 ℃时三种单一材料墙体横截面的温度分布云图。从图中可以看出,随室外温度的降低,同样厚度的墙体,热阻值最小的混凝土材料墙体内部温度梯度最小,热阻值最大的 EPS 板墙体内部温度梯度最大;同一时刻同一位置的混凝土构造墙体外壁面平均温度明显高于 EPS 板和木板构造,内壁面平均温度也明显低于后两者;从 1 月 1 日 19 时至 1 月 2 日 6 时,混凝土、EPS 板、木板的外壁面平均温度分别降低了 4.1 ℃、4.5 ℃ 和 4.6 ℃,内壁面平均温度分别降低了 0.6 ℃、0.4 ℃ 和 0.1 ℃。综合说明热阻较大的墙体在抵御室外温度变化时效果显著。

室内平均温度分别为 20 ℃、22 ℃时,墙体内部温度随室外温度变化的趋势与室内平均温度为 18 ℃时相似。

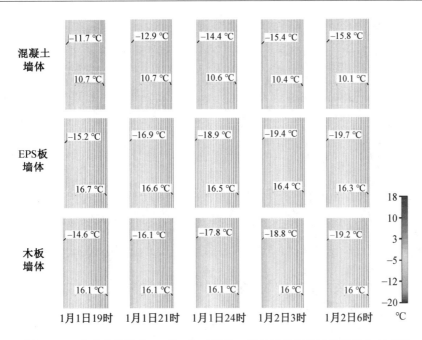

图 3.23　室内平均温度 18 ℃ 时,三种单一材料墙体横截面的温度分布云图

3.单一材料墙体模型模拟结果总结

单一材料墙体中,同等室内平均温度情况下,同一时刻混凝土构造墙体外壁面平均温度明显高于 EPS 板和木板构造,木板和 EPS 板的外壁面平均温度差异甚微。混凝土构造墙体内壁面平均温度最低,其次为木板,EPS 板温度最高;混凝土构造墙体内壁面平均温度随室外温度变化趋势较为相似,EPS 板和木板的变化较为平缓。

热阻值最小的混凝土材料墙体内部温度梯度最小,热阻值最大的 EPS 板墙体内部温度梯度最大。

3.3.2　两种材料复合构造墙体

1.两种材料复合构造墙体模型数据分析

室外温度选取哈尔滨典型气象年 11 月份至次年 3 月份共五个月的温度数据,室内平均温度分别恒定在 18 ℃、20 ℃、22 ℃ 时,两种材料复合构造墙体模型模拟得到的墙体内外壁面平均温度及室外温度变化曲线如图 3.24 ~ 3.26 所示。室内平均温度恒定在 18 ℃ 时,2E＋1P 构造墙体(200 mm 厚 EPS 板＋100 mm 厚木板)外壁面平均温度最低,其次为 2C＋1E 墙体(200 mm 厚混凝土＋100 mm 厚 EPS 板),与 2E＋1P 差异最大约为 1.8 ℃,2P＋1C 墙体(200 mm 厚木板＋100 mm 厚混凝土)的温度最高,与 2E＋1P 差异最大约为 2.6 ℃。2P＋1C 墙体的内壁面平均温度最低,2E＋1P 墙体与 2C＋1E 墙体内壁面平均温度几乎相同,与前者差异最大约为 7 ℃。三种墙体外壁面平均温度变化趋势相似,均随室外温度变化而变化;而 2P＋1C 墙体内壁面平均温度随室外温度变化趋势较为相似,另外两者变化较为平缓,随室外温度波动趋势不明显。

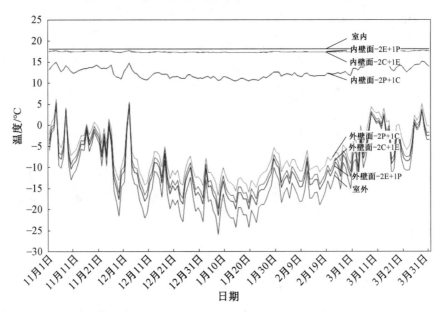

图 3.24　室内平均温度 18 ℃ 时,复合构造墙体内外壁面平均温度及室外温度变化曲线

　　室内平均温度分别恒定在 20 ℃、22 ℃ 时,单一材料墙体的内外壁面平均温度变化曲线与温度恒定在 18 ℃ 时大致相似,室内平均温度越高,墙体内外壁面的平均温度同样有升高趋势,内壁面平均温度升高趋势更显著。随着室内平均温度的升高,木板与 EPS 板墙体外壁面平均温度差异与内壁面平均温度差异都更加明显,室内平均温度恒定在 22 ℃ 时,木板与 EPS 板墙体外壁面平均温度最大差异约为 0.3 ℃,内壁面平均温度最大差异约为 1 ℃。

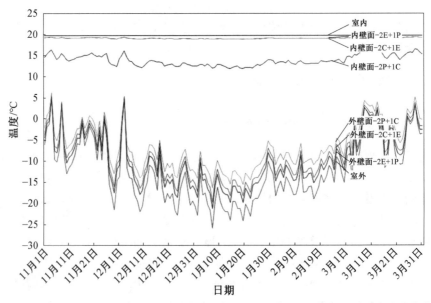

图 3.25　室内平均温度 20 ℃ 时,复合构造墙体内外壁面平均温度及室外温度变化曲线

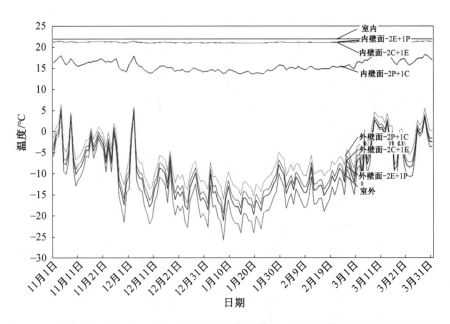

图 3.26　室内平均温度 22 ℃ 时，复合构造墙体内外壁面平均温度及室外温度变化曲线

　　从总体趋势来看，墙体内外壁面平均温度变化规律同室外温度变化规律相似，并且有不同程度的延迟；随着室内平均温度的升高，墙体内外壁面的平均温度均呈现升高趋势，内壁面平均温度升高趋势更显著；热阻值越大，保温性能越好，墙体内外壁面平均温度越接近于室内外温度，墙体内外壁面平均温度差值越大。

2.两种材料复合构造墙体模型温度分布云图

　　图 3.27 所示为模拟时间分别为 1 月 1 日 19 时、21 时、24 时、1 月 2 日 3 时、6 时，室内平均温度为 18 ℃，三种复合构造墙体横截面的温度分布云图。2C+1E 墙体、2E+1P 墙体、2P+1C 墙体的热阻值分别为 3.034 m² · K/W、6.714 m² · K/W、2.089 m² · K/W，如图 3.27 所示，同一时刻同一位置的 2P+1C 墙体外壁面平均温度最高、2E+1P 温度最低，2P+1C 墙体的内壁面平均温度最低，其他两者温度相当；从 1 月 1 日 19 时至 1 月 2 日 6 时，2C+1E 墙体、2E+1P 墙体、2P+1C 墙体的外壁面平均温度分别降低了 4.3 ℃、4.5 ℃ 和 4.1 ℃，2C+1E 墙体和 2E+1P 墙体的内壁面平均温度几乎没有变化，2P+1C 墙体降低了 0.5 ℃。

　　随室外温度的降低，热阻值最小的 2P+1C 墙体内部温度变化最为均匀，其次为 2E+1P 墙体，2C+1E 墙体内部温度变化最为显著，其 EPS 板结构(200 mm 厚构件)部分的温度分布均匀，混凝土结构(100 mm 厚构件)部分温度变化明显。综合单一材料墙体的模拟情况，说明 EPS 板材料在墙体保温方面有显著功效。

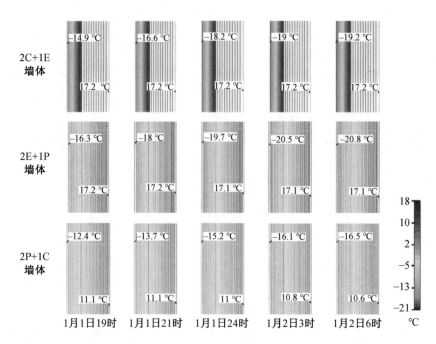

图 3.27　室内平均温度 18 ℃时,三种复合构造墙体横截面的温度分布云图

3.两种材料复合构造墙体模型模拟结果总结

两种材料复合墙体模型中,同等室内平均温度情况下,同一时刻 2E＋1P 构造墙体外壁面平均温度最低,其次为 2C＋1E 墙体,2P＋1C 墙体的外壁面平均温度最高。2P＋1C 墙体的内壁面平均温度最低,2E＋1P 墙体与 2C＋1E 墙体内壁面平均温度几乎相同。

热阻值最小的 2P＋1C 墙体内部温度梯度最小,其次为 2E＋1P 墙体,2C＋1E 墙体内部温度梯度最大。

3.3.3　实墙墙体

实墙墙体种类较多,但保温材料 EPS 板、XPS 和岩棉的导热系数相差甚微,墙体结构相同、材料不同的保温墙体模拟结果大致相似,因此包含保温层的墙体(Wall Form 3 ～Wall Form 14)仅以 Wall Form 3 ～ Wall Form 6 为代表详细介绍模拟结果(模型名称代号详见 3.2.1 节)。

1.室内平均温度恒定模拟情况数据分析

Wall Form 1 ～ Wall Form 4 室外温度选取哈尔滨典型气象年 11 月份至次年 3 月份共五个月的温度数据,Wall Form 5、Wall Form 6 室外温度选取山东烟台的典型气象年 12 月份至次年 3 月份共四个月的温度数据。室内平均温度分别恒定在 18 ℃、20 ℃、22 ℃时,六种实墙墙体模型模拟得到的墙体内外壁面平均温度及室外温度变化曲线如图

3.28～3.30 所示。以室内平均温度恒定在 18 ℃ 为例,从 Wall Form 1～Wall Form 4 的
模拟结果可以看出,同一时刻 Wall Form 2 外壁面平均温度最高,其次为 Wall Form 1,与
前者差异最大约为 1 ℃,Wall Form 3 与 Wall Form 4 温度最低且差异甚微,与前者差异
最大约为 1.5 ℃。Wall Form 2 内壁面平均温度最低,其次为 Wall Form 1,与前者差异最
大约为 2 ℃,Wall Form 3 与 Wall Form 4 温度较高,与前者差异最大约为 2.2 ℃,
Wall Form 3 内壁面平均温度略低于 Wall Form 4 但差异甚微。六种实墙墙体外壁面平
均温度随室外温度波动趋势相似,而 Wall Form 2 墙体内壁面平均温度随室外温度变化
趋势较为相似,其次为 Wall Form 1,Wall Form 3 和 Wall Form 4 内壁面平均温度变化较
为平缓,随室外温度波动趋势不明显。

从 Wall Form 5 与 Wall Form 6 模拟结果可以看出,两种墙体外壁面平均温度相差甚
微,且两者与室外温度差异也较小,最大差异约为 1.3 ℃;两种墙体内壁面平均温度相差
也很小,最大差异不超过 0.1 ℃。

室内平均温度分别恒定在 20 ℃、22 ℃ 时,六种实墙墙体的内外壁面平均温度变化曲
线与温度恒定在 18 ℃ 时大致相似,室外温度相同,室内平均温度越高,墙体内外壁面的
平均温度越高,内壁面平均温度升高趋势更明显。

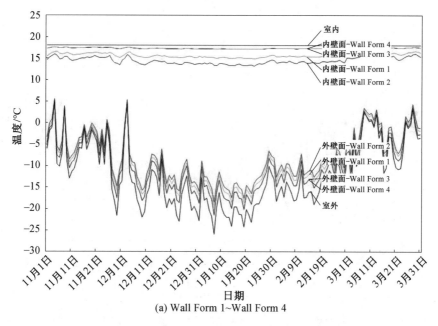

(a) Wall Form 1~Wall Form 4

图 3.28　室内平均温度 18 ℃ 时,六种实墙墙体内外壁面平均温度及室外温度变化曲线

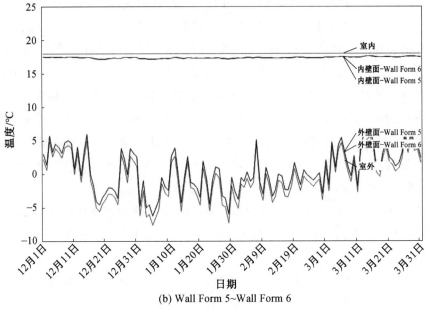

(b) Wall Form 5~Wall Form 6

续图 3.28

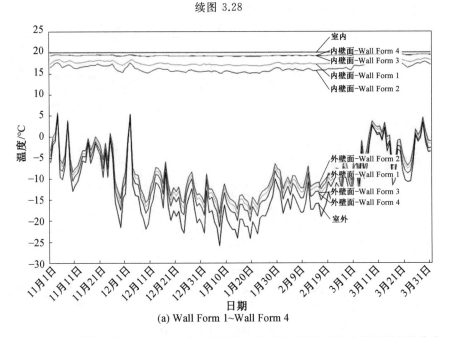

(a) Wall Form 1~Wall Form 4

图 3.29　室内平均温度 20 ℃ 时,六种实墙墙体内外壁面平均温度及室外温度变化曲线

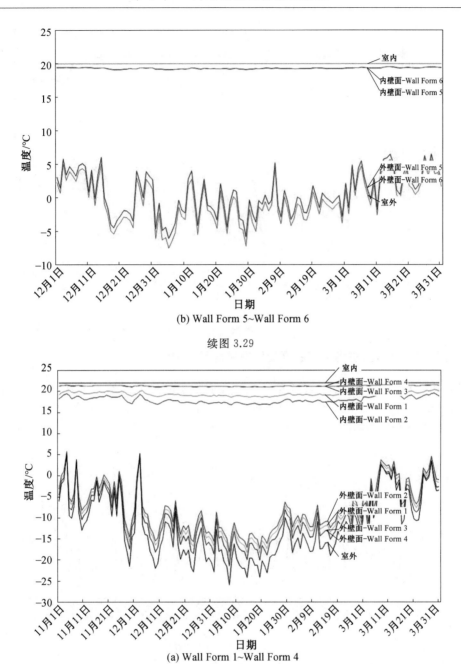

(b) Wall Form 5~Wall Form 6

续图 3.29

(a) Wall Form 1~Wall Form 4

图 3.30　室内平均温度 22 ℃ 时,六种实墙墙体内外壁面平均温度及室外温度变化曲线

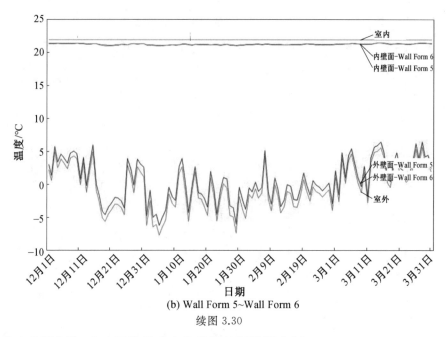

(b) Wall Form 5~Wall Form 6

续图 3.30

2.室内热源恒定、室内平均温度变化模拟情况数据分析

Wall Form 1 ~ Wall Form 4 室外温度选取哈尔滨典型气象年 1 月份的温度数据，Wall Form 5、Wall Form 6 室外温度选取山东烟台的典型气象年 1 月份的温度数据，两个地区的室外温度数据如图 3.31 所示。

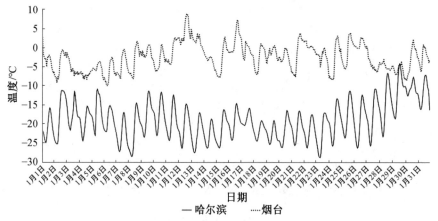

图 3.31　哈尔滨与烟台典型气象年 1 月份的温度数据

当室内热源选择不同功率且室内平均温度变化时，六种实墙墙体模型模拟得到的墙体内外壁面平均温度及室内外温度变化曲线如图 3.32 ~ 3.34 所示。以室内功率为 200 W 为例（图 3.32），从 Wall Form 1 ~ Wall Form 4 的模拟结果可以看出，四种墙体外壁面平均温度在同一时刻差异较小，且与室外温度差异约为 4.5 ℃，Wall Form 1 与 Wall Form 2 两种墙体外壁面的温度略低于 Wall Form 3 和 Wall Form 4 两种墙体 0.2 ℃。Wall Form 1 与 Wall Form 2 两种墙体的室内平均温度非常低，分别约为 −5 ℃ 和 −7 ℃，想要达到室内供暖温度要求还需要加大供热功率；Wall Form 3 与 Wall Form 4 的室内平均温度分

别可达到 22 ℃和 24 ℃。Wall Form 2 的内壁面平均温度低于 Wall Form 1 约 3 ℃,Wall Form 3 的内壁面平均温度低于 Wall Form 4 约 2 ℃,Wall Form 1 与 Wall Form 4 的墙体内壁面平均温度差异可达约 30 ℃,Wall Form 3 与 Wall Form 4 的室内平均温度及墙体内壁面平均温度波动较平缓,可见两种墙体保温材料的保温作用较明显。

　　Wall Form 5 与 Wall Form 6 的室内平均温度分别可达 23 ℃和 25 ℃,两种墙体外壁面平均温度相差甚微,且两者与室外温度差异也较小,最大差异约 2 ℃;两种墙体内壁面平均温度差异约 2 ℃。

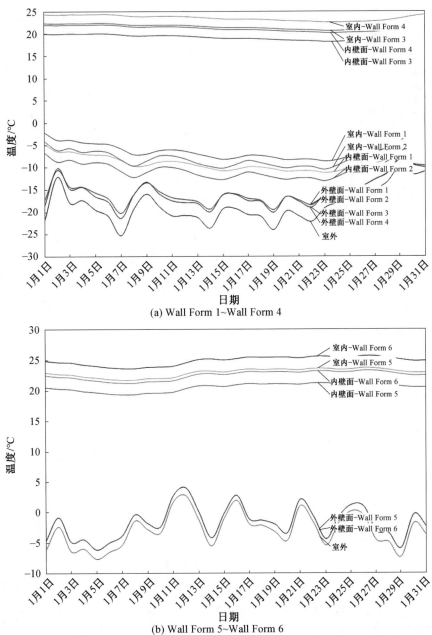

(a) Wall Form 1~Wall Form 4

(b) Wall Form 5~Wall Form 6

图 3.32　室内热源 200W 时,六种实墙墙体内外壁面平均温度及室内外温度变化曲线

随着供热功率的减少，各种墙体的内外壁面平均温度和室内平均温度均降低，当室内热源为 180 W 时（图 3.33），Wall Form 1 与 Wall Form 2 两种墙体的室内平均温度分别约为 −7 ℃ 和 −9 ℃，较热源为 200 W 时降低了约 2 ℃。Wall Form 3、Wall Form 4、Wall Form 5、Wall Form 6 四种墙体的室内平均温度可分别保持在 18 ℃、20 ℃、21 ℃、22 ℃。

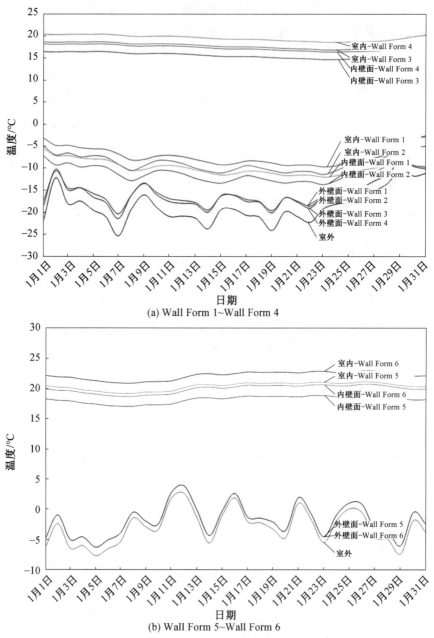

(a) Wall Form 1~Wall Form 4

(b) Wall Form 5~Wall Form 6

图 3.33　室内热源 180 W 时，六种实墙墙体内外壁面平均温度及室内外温度变化曲线

当室内热源为 150W 时（图 3.34），Wall Form 1 与 Wall Form 2 两种墙体的室内平均温度分别约为 −8 ℃ 和 −10 ℃，Wall Form 3、Wall Form 4、Wall Form 5、Wall Form 6 四

种墙体的室内平均温度可保持在 12 ℃、14 ℃、17 ℃、18 ℃，此时仅 Wall Form 6 可达到室内供暖温度要求。

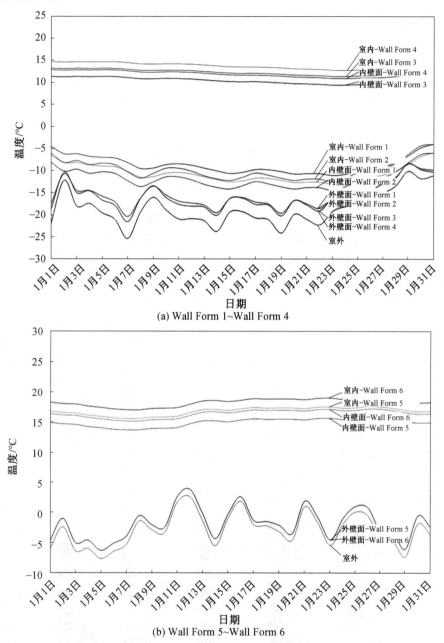

(a) Wall Form 1~Wall Form 4

(b) Wall Form 5~Wall Form 6

图 3.34　室内热源 150 W 时，六种实墙墙体内外壁面平均温度及室内外温度变化曲线

3.墙体温度分布云图

本节以 1 月 1 日 19 时至 1 月 2 日 6 时时间段内的部分模拟结果为例介绍实墙墙体 CFD 模拟云图。1 月 1 日 19 时至 1 月 2 日 6 时的哈尔滨和烟台的室外温度变化曲线如图 3.35 所示，烟台的最高温为 −5.2 ℃，最低温为 −9.0 ℃，温差为 3.8 ℃。

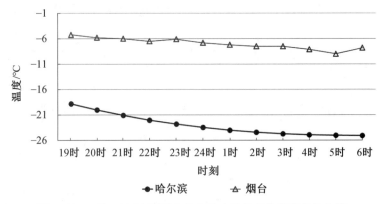

图 3.35　1 月 1 日 19 时至 1 月 2 日 6 时的室外温度变化曲线

（1）室内平均温度恒定。

Wall Form 1 ～ Wall Form 6 六种实墙墙体模型的热阻值分别是 0.797、0.641、3.134、3.310、1.990、2.167 m² · K/W。图 3.36 所示为模拟时间分别为 1 月 1 日 19 时、21 时、24 时、1 月 2 日 3 时、6 时，室内平均温度为 18 ℃ 时 Wall Form 1 ～ Wall Form 4 四种实墙墙体横截面的温度分布云图。如图所示，同一时刻同一位置的 Wall Form 2 墙体外壁面平均温度最高、内壁面平均温度最低；Wall Form 3 和 Wall Form 4 墙体外壁面平均温度最低，内壁面平均温度最高。从 1 月 1 日 19 时至 1 月 2 日 6 时，Wall Form 1 ～ Wall Form 4 墙体的外壁面平均温度分别降低了 4.4 ℃、4.3 ℃、4.7 ℃ 和 4.8 ℃，四种墙体的内壁面平均温度几乎没有变化。

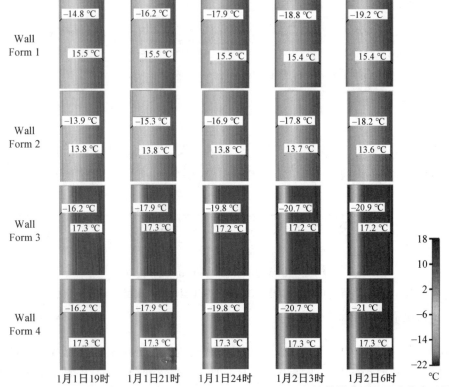

图 3.36　室内平均温度 18 ℃ 时，Wall Form 1 ～ Wall Form 4 墙体横截面的温度分布云图

　　随室外温度的降低,Wall Form 1 与 Wall Form 2 的墙体由于没有保温材料,墙体内的温度梯度较小;Wall Form 3 与 Wall Form 4 的墙体保温层内温度梯度较大,结构层内的温度梯度较小,说明保温层保温效果较明显。

　　图 3.37 所示为模拟时间分别为 1 月 1 日 19 时、21 时、24 时,1 月 2 日 3 时、6 时,室内平均温度为 18 ℃ 时,Wall Form 5 和 Wall Form 6 墙体横截面的温度分布云图。如图所示,同一时刻同一位置的两种墙体的壁面平均温度相近,且与 Wall Form 3 和 Wall Form 4 墙体温度分布规律相似;从 1 月 1 日 19 时至 1 月 2 日 6 时,Wall Form 5 和 Wall Form 6 墙体的外壁面平均温度均降低了 1.8 ℃,内壁面平均温度几乎没有变化。

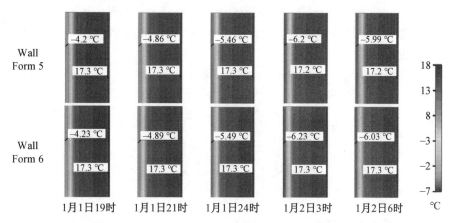

图 3.37　室内平均温度 18 ℃ 时,Wall Form 5、Wall Form 6 墙体横截面的温度分布云图

(2)室内平均温度变化。

　　室内设置热源且室内平均温度变化的情况下,模拟对象为一个房间而不仅仅是一个墙体,图 3.38、图 3.39 所示为室内热源为 200 W、1 月 1 日 19 时六种墙体及房间温度分布示意图。从图中可以看出,虽然房间有热源,但除了 Wall Form 1 和 Wall Form 2 房间温度分布略有波动外,其他实墙墙体模型的房间温度分布均匀。

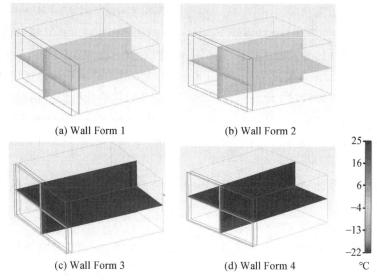

图 3.38　室内热源 200 W 时,Wall Form 1 ~ Wall Form 4 房间内部温度分布示意图

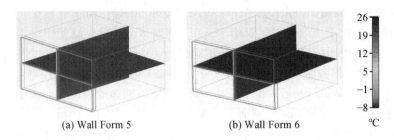

(a) Wall Form 5　　　　　　(b) Wall Form 6

图 3.39　室内热源 200 W 时,Wall Form 5、Wall Form 6 房间内部温度分布示意图

虽有热源影响,但墙体温度分布在各截面上差异较小,因此本节将选取与热源方向相对的墙体,取其 z 轴方向中心位置的云图来分析墙体内部温度变化,墙体截面位置示意图如图 3.40 所示。

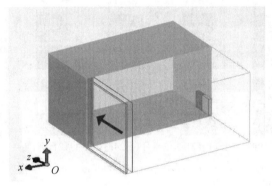

图 3.40　墙体截面位置示意图

图 3.41 所示为模拟时间分别为 1 月 1 日 19 时、21 时、24 时,1 月 2 日 3 时、6 时,室内热源为 200 W 时,Wall Form 1 ～ Wall Form 4 四种实墙墙体的垂直截面温度分布云图,图中温度坐标分别为墙体内外壁面中心点。

从图 3.41 中可以看出,同一时刻同一位置的 Wall Form 1 和 Wall Form 2 墙体的外壁面平均温度相当,Wall Form 3 和 Wall Form 4 墙体的外壁面平均温度相当;Wall Form 1 和 Wall Form 2 墙体的外壁面平均温度高于 Wall Form 3 和 Wall Form 4 墙体,而 Wall Form 2 墙体的内壁面平均温度最低,Wall Form 4 墙体的内壁面平均温度最高。从 1 月 1 日 19 时至 1 月 2 日 6 时,Wall Form 1 ～ Wall Form 4 墙体的外壁面平均温度分别降低了 4.4 ℃、4.5 ℃、4.7 ℃ 和4.7 ℃;Wall Form 1 和 Wall Form 2 墙体的内壁面平均温度分别降低了 0.8 ℃ 和 1.2 ℃,Wall Form 3 和 Wall Form 4 墙体的内壁面平均温度几乎没有变化。

随室外温度的降低,Wall Form 1 与 Wall Form 2 的墙体由于没有保温材料,墙体内的温度梯度较小,Wall Form 3 与 Wall Form 4 的墙体保温层内温度梯度较大,结构层内的温度梯度较小。

图 3.42 所示为模拟时间分别为 1 月 1 日 19 时、21 时、24 时,1 月 2 日 3 时、6 时,室内热源为 200 W 时,Wall Form 5 和 Wall Form 6 墙体垂直截面的温度分布云图。如图所示,同一时刻同一位置的两种墙体的壁面平均温度相近,且与 Wall Form 3 和 Wall Form 4 墙

体温度分布规律相似；从 1 月 1 日 19 时至 1 月 2 日 6 时，Wall Form 5 和 Wall Form 6 墙体的外壁面平均温度均降低了 1.8 ℃，内壁面平均温度几乎没有变化，墙体温度变化规律与室内平均温度18 ℃ 时大致相似。

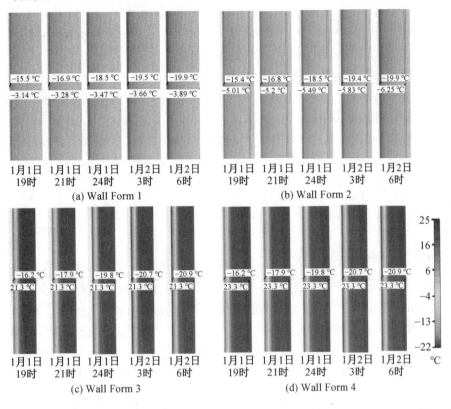

图 3.41　室内热源 200 W 时，Wall Form 1 ～ Wall Form 4 墙体垂直截面的温度分布云图

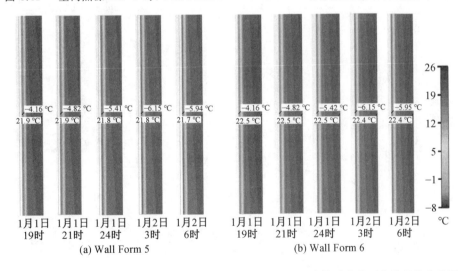

图 3.42　室内热源 200 W 时，Wall Form 5 ～ Wall Form 6 墙体垂直截面的温度分布云图

4.实墙墙体模型模拟结果总结

实墙墙体模型中,同等室内平均温度情况下,同一时刻 Wall Form 2 外壁面平均温度最高,其次为 Wall Form 1,Wall Form 3 与 Wall Form 4 温度最低且差异甚微。Wall Form 2 内壁面平均温度最低,Wall Form 3 与 Wall Form 4 温度最高且差异甚微。Wall Form 5 与 Wall Form 6 两种墙体的内外壁面平均温度均基本相等。

同等室内热源功率情况下,Wall Form 1 ～ Wall Form 4 四种墙体外壁面平均温度在同一时刻差异较小,Wall Form 1 与 Wall Form 2 两种墙体的室内平均温度显著低于 Wall Form 3 与 Wall Form 4。

室内平均温度恒定和室内平均温度变化情况下,Wall Form 1 和 Wall Form 2 墙体内部温度梯度小,Wall Form 3 ～ Wall Form 6 的保温层部分温度梯度大、结构层部位温度梯度小。

3.3.4　含窗户墙体

1.含窗户墙体模型数据分析

含窗户的墙体模型 Window Form 1 是在 Wall Form 1 的基础上所做,Window Form 2 和 Window Form 3 是在 Wall Form 3 的基础上所做,Window Form 2 和 Window Form 3 窗户窗口总面积相同,室外温度选取哈尔滨典型气象年 11 月份至次年 3 月份共五个月的温度数据(模型名称代号详见 3.2.1 节)。室内平均温度分别恒定在 18 ℃、20 ℃、22 ℃ 时,三种含窗户墙体模型模拟得到的墙体内外壁面平均温度及室外温度变化曲线如图 3.43 ～ 3.45 所示。

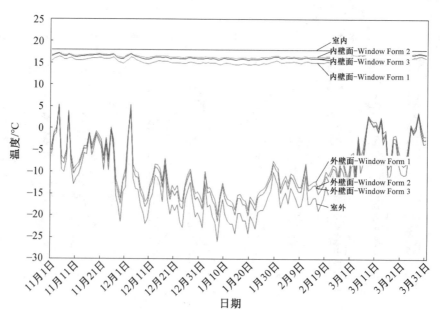

图 3.43　室内平均温度 18 ℃ 时,含窗户墙体模型墙体内外壁面平均温度及室外温度变化曲线

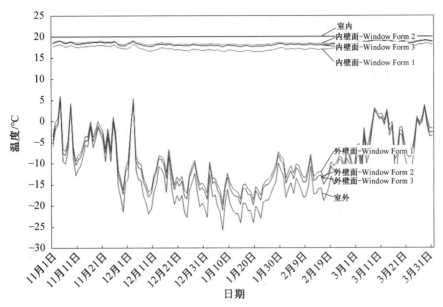

图 3.44　室内平均温度 20 ℃ 时,含窗户墙体模型墙体内外壁面平均温度及室外温度变化曲线

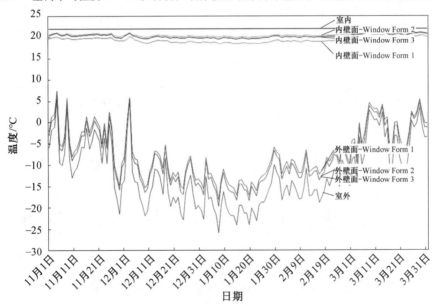

图 3.45　室内平均温度 22 ℃ 时,含窗户墙体模型墙体内外壁面平均温度及室外温度变化曲线

室内平均温度为 18 ℃ 的情况下,Window Form 2 和 Window Form 3 外壁面平均温度变化几乎相同,同一时刻 Window Form 1 的墙体外壁面平均温度略高于 Window Form 2 和 Window Form 3,最大差异为 1.5 ℃。Window Form 2 的内壁面平均温度最高,Window Form 3 较 Window Form 2 略低,最大差异为 0.35 ℃,Window Form 1 温度最低,较 Window Form 2 最大差异为 1.5 ℃。

室内平均温度分别恒定在 20 ℃、22 ℃ 时,三种含窗户的墙体模型的内外壁面平均温度变化曲线与温度恒定在 18 ℃ 时大致相似;室外温度相同时,室内平均温度越高,墙体内外壁面的平均温度越高,内壁面平均温度升高趋势越明显。

2.含窗户墙体模型温度分布云图

本节通过温度分布云图介绍窗户对墙体部分温度分布的影响,仅以1月1日19时、24时及1月2日6时的模拟结果为例。如图3.46～3.48所示分别为室内平均温度为18 ℃,三种含窗户墙体模型中心位置的水平截面、垂直截面以及墙体外立面的温度分布云图,水平截面云图包含了对应的墙体部分云图,以便直观地进行对比分析。从水平截面图中可以看出,同一时刻,含窗户墙体主体部位壁面平均温度与实墙墙体壁面平均温度差异甚微,而窗口部位的内外壁面平均温度分别不同程度地低于墙体主体部位内外壁面平均温度。

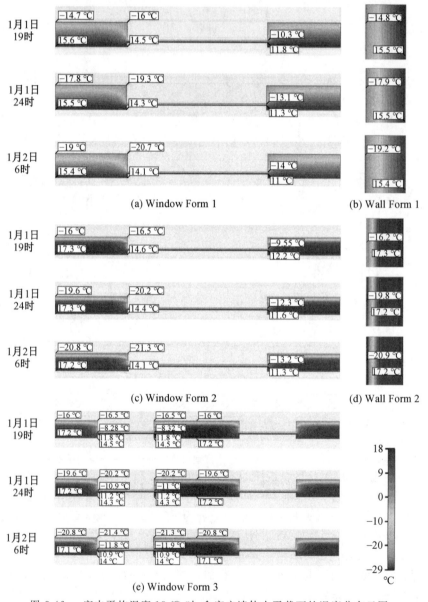

(a) Window Form 1   (b) Wall Form 1

(c) Window Form 2   (d) Wall Form 2

(e) Window Form 3

图 3.46　室内平均温度 18 ℃ 时,含窗户墙体水平截面的温度分布云图

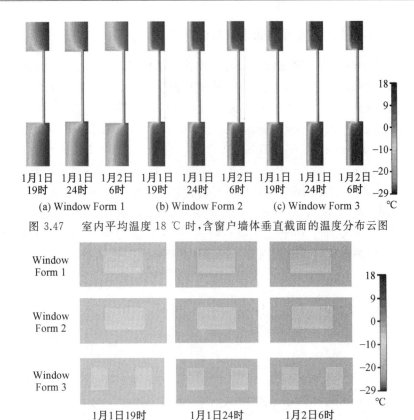

图 3.47　室内平均温度 18 ℃时,含窗户墙体垂直截面的温度分布云图

图 3.48　室内平均温度 18 ℃时,含窗户墙体外立面的温度分布云图

Window Form 1 和 Window Form 2 为相同窗口、不同墙体的形式。1 月 1 日 19 时、1月 1 日 24 时和 1 月 2 日 6 时三个时刻,Window Form 1 的窗口部位墙体外壁面平均温度分别低于各自墙体主体部位外壁面 1.3 ℃、1.5 ℃ 和 1.7 ℃,Window Form 2 的窗口部位墙体外壁面平均温度分别低于各自墙体主体部位外壁面 0.5 ℃、0.6 ℃ 和 0.5 ℃;Window Form 1 的窗口部位墙体内壁面平均温度分别低于各自墙体主体部位内壁面 1.1 ℃、1.2 ℃ 和 0.9 ℃,Window Form 2 的窗口部位墙体内壁面平均温度分别低于各自墙体主体部位内壁面 2.7 ℃、2.9 ℃ 和 3.1 ℃。这说明热阻较小的墙体窗口部位与主体部位的外壁面平均温度差异要大于热阻较大的墙体,热阻较小的墙体窗口部位与主体部位的内壁面平均温度差异要小于热阻较大的墙体,即同样的窗户形式对热阻较小的墙体外壁面平均温度分布影响较大,而对热阻较大的墙体内壁面平均温度分布影响较大。

Window Form 2 和 Window Form 3 为相同墙体、不同窗户的形式。Window Form 2为一扇窗户,Window Form 3 为两扇窗户,但两者的窗户开口总面积相等。从 1 月 1 日 19时、1 月 1 日 24 时和 1 月 2 日 6 时三个时刻的温度分布云图可以看出,虽然窗户开口方式不同,但是两者墙体的窗口部位与主体部位的壁面平均温度差异甚微,说明这两种窗户形式对墙体壁面平均温度分布的影响相似。

另外,从窗户外立面可以看出,高度越高、温度越低。墙体壁面在靠近窗户附近也有呈现出温度降低的趋势。

3.含窗户墙体模型与实墙墙体模型模拟结果对比

由前述章节中的温度分布云图可以看出窗户对墙面温度分布的影响,但不能得到窗户对墙体壁面平均温度的影响,因此,本节将室外温度模拟数据选取为1月份气象温度数据,在室内平均温度为18 ℃的情况下,对比含窗户的墙体模型与实墙墙体模型的模拟结果,分析窗户对墙体壁面平均温度的影响。

(1)Window Form 1 与 Wall Form 1。

Window Form 1 是在 Wall Form 1 基础上所做,墙体部分构造相同。Window Form 1 与 Wall Form 1 的墙体部分内外壁面平均温度逐时变化曲线如图 3.49 所示,可以看出同一时刻 Window Form 1 比 Wall Form 1 内壁面平均温度低 $0.5 \sim 1$ ℃,两者波动趋势相似,外壁面平均温度差异不明显,最大差异约为 0.3 ℃。这说明 Window Form 1 墙体的窗户形式对墙体内壁面平均温度的影响比外壁面更显著。

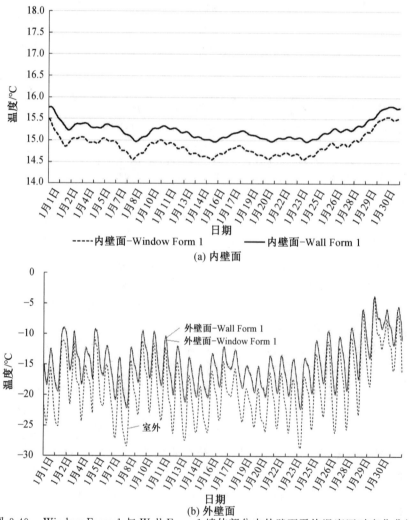

图 3.49　Window Form 1 与 Wall Form 1 墙体部分内外壁面平均温度逐时变化曲线

（2）Window Form 2 与 Wall Form 3。

Window Form 2 是 在 Wall Form 3 基 础 上 所 做，墙 体 部 分 构 造 相 同。Window Form 2 与 Wall Form 3 的墙体部分内外壁面平均温度逐时变化曲线如图 3.50 所示，Window Form 2 比 Wall Form 3 波动更显著，同一时刻两者内壁面平均温度差异最大可达 1.2 ℃，外壁面平均温度差异甚微，最大差异约为 0.07 ℃。这说明 Window Form 2 墙体的窗户形式对墙体内壁面平均温度的影响比外壁面更显著。

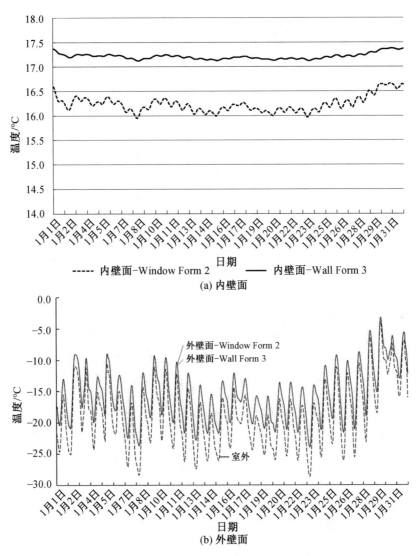

图 3.50　Window Form 2 与 Wall Form 3 墙体部分内外壁面平均温度逐时变化曲线

（3）Window Form 3 与 Wall Form 3。

Window Form 3 同样是在 Wall Form 3 基础上所做，墙体部分构造相同。Window Form 3 与 Wall Form 3 的墙体部分内外壁面平均温度逐时变化曲线如图 3.51 所示，

Window Form 3 比 Wall Form 3 波动更显著,同一时刻两者内壁面平均温度差异最大可达 1.6 ℃,外壁面平均温度差异甚微,最大差异约为 0.07 ℃。这说明 Window Form 3 墙体的窗户形式对墙体内壁面平均温度的影响比外壁面更显著。

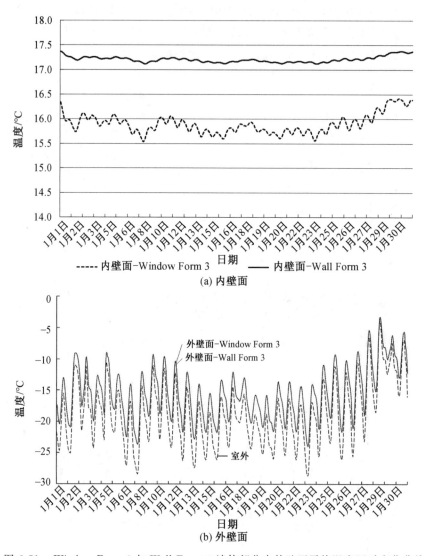

图 3.51　Window Form 3 与 Wall Form 3 墙体部分内外壁面平均温度逐时变化曲线

4.含窗户墙体模型模拟结果总结

综上,含窗户的墙体内外壁面平均温度随室外温度的变化规律与无窗户的实墙墙体大致相似,室内平均温度越高,墙体内外壁面的平均温度越高,内壁面平均温度升高趋势更显著。

含窗户墙体主体部位壁面平均温度与实墙墙体壁面平均温度差异甚微,但窗口部位的内外壁面平均温度分别不同程度地低于墙体主体部位内外壁面平均温度。

同样的窗户形式对热阻较小的墙体外壁面平均温度分布的影响要大于热阻较大的墙体,而对热阻较大的墙体内壁面平均温度分布的影响要大于热阻较小的墙体。

Window Form 2 和 Window Form 3 两种窗户形式对墙体壁面平均温度分布的影响相似,但 Window Form 3 的窗户形式对墙体内壁面平均温度的影响要大于 Window Form 2,外壁面差异甚微。

3.3.5　含热桥墙体

1.含热桥墙体模型数据分析

三种含热桥的墙体模型均是在 Wall Form 3 基础上所做,室外温度同样选取哈尔滨典型气象年11月份至次年3月份共五个月的温度数据。室内平均温度分别恒定在18 ℃、20 ℃、22 ℃ 时,三种含热桥的墙体模型模拟得到的墙体内外壁面平均温度及室内外温度变化曲线如图3.52 ～ 3.54 所示。

室内平均温度为 18 ℃ 的情况下,Bridge Form 1 ～ Bridge Form 3(模型名称代号详见3.2.1节)的外壁面平均温度变化几乎相同;同一时刻 Bridge Form 3 的内壁面平均温度最高,Bridge Form 1 次之,较 Bridge Form 3 略低,最大差异为 0.26 ℃,Bridge Form 2 内壁面平均温度最低,与 Bridge Form 3 最大差异为 0.82 ℃。从三种含热桥的墙体模型模拟结果可以看出,钢筋混凝土柱对墙体热工性能的影响较为显著。

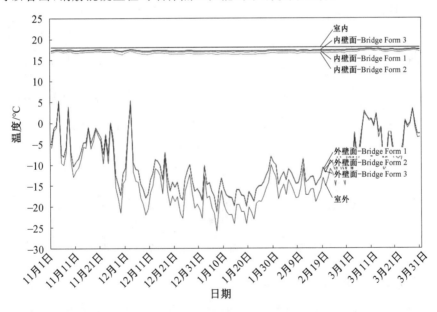

图 3.52　室内平均温度 18 ℃ 时,含热桥的墙体模型墙体内外壁面平均温度及室外温度变化曲线

室内平均温度分别恒定在 20 ℃、22 ℃ 时,三种含热桥的墙体模型,其内外壁面平均温度变化曲线与温度恒定在 18 ℃ 时大致相似,室外温度相同时,室内平均温度越高,墙体内外壁面的平均温度越高,内壁面平均温度升高趋势更明显。

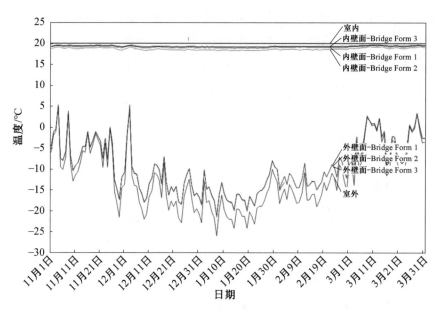

图 3.53　室内平均温度 20 ℃ 时,含热桥的墙体模型墙体内外壁面平均温度及室外温度变化曲线

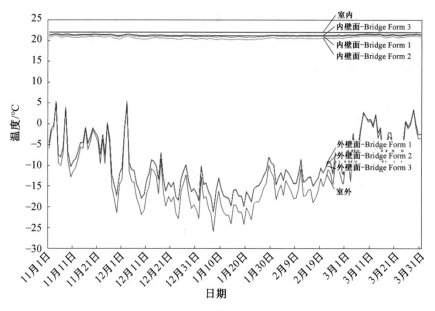

图 3.54　室内平均温度 22 ℃ 时,含热桥的墙体模型墙体内外壁面平均温度及室外温度变化曲线

2.含热桥墙体模型温度分布云图

本节通过温度分布云图介绍窗户对墙体部分温度分布的影响,仅以 1 月 1 日 19 时、24 时及 1 月 2 日 6 时的模拟结果为例,图 3.55～3.57 所示分别为三种含热桥墙体模型的水平截面温度分布云图、垂直截面温度分布云图以及墙体外立面温度分布云图。三种含热桥墙体均是在 Wall Form 3 墙体基础上所做,因此水平截面云图包含了 Wall Form 3 墙体,以便直观地进行对比分析。

第 3 章　外墙传热仿真数值实验
65

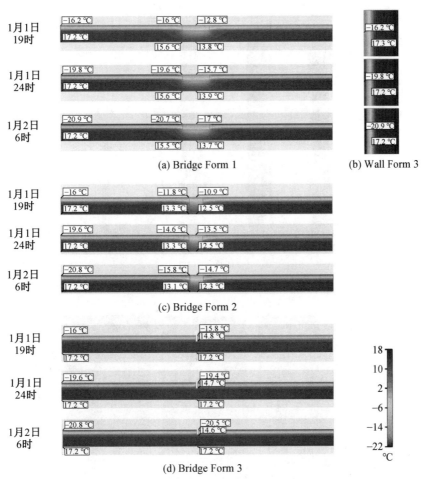

图 3.55　室内平均温度 18 ℃ 时,含热桥墙体水平截面的温度分布云图

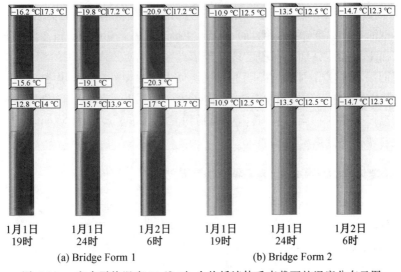

图 3.56　室内平均温度 18 ℃ 时,含热桥墙体垂直截面的温度分布云图

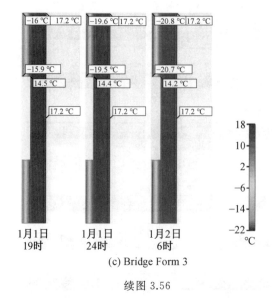

1月1日　　1月1日　　1月2日
19时　　　24时　　　6时

(c) Bridge Form 3

续图 3.56

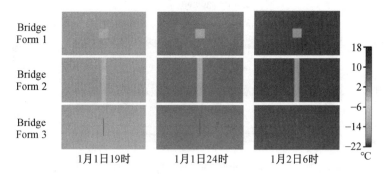

图 3.57　室内平均温度 18 ℃ 时,含热桥墙体外立面的温度分布云图

从水平截面图中可以看出,同一时刻同一位置,含热桥墙体主体部位壁面平均温度与实墙墙体壁面平均温度差异甚微,而 Bridge Form 1 和 Bridge Form 2 墙体与热桥接触部分的外壁面平均温度分别不同程度地高于墙体主体部位外壁面平均温度,与热桥接触部分的内壁面平均温度分别不同程度地低于墙体主体部位外壁面平均温度,Bridge Form 2 的热桥形式对墙体壁面平均温度分布的影响更大。Bridge Form 3 的热桥形式对墙体内外壁面平均温度分布几乎无影响,其内壁面平均温度分布更均匀,也说明了被空气填充的部分热阻值与墙体部分热阻值相当。

3.含热桥墙体模型与实墙墙体模型模拟结果对比

由前述章节中的温度分布云图可以看出热桥形式对墙面温度分布的影响,但不能得到热桥对墙体壁面平均温度的影响,因此,本节将室外温度模拟数据选取为 1 月份气象温度数据,在室内平均温度为 18 ℃ 的情况下,对比含热桥的墙体模型与实墙墙体模型的模拟结果,分析热桥对墙体壁面平均温度的影响。

三种含热桥的墙体模型与 Wall Form 3 的墙体部分内外壁面平均温度逐时变化曲线

如图 3.58 所示,同一时刻 Bridge Form 1、Bridge Form 2、Bridge Form 3 三种墙体模型的外壁面平均温度与 Wall Form 3 的差异分别约为 0 ℃、0.1 ℃ 和 0.1 ℃;Bridge Form 1、Bridge Form 2、Bridge Form 3 三种墙体模型的内壁面平均温度与 Wall Form 3 的差异分别约为 0.2 ℃、0.8 ℃ 和 0 ℃。这说明三种热桥形式对墙体外壁面平均温度的影响几乎为零,Bridge Form 2 对墙体内壁面平均温度的影响稍大。

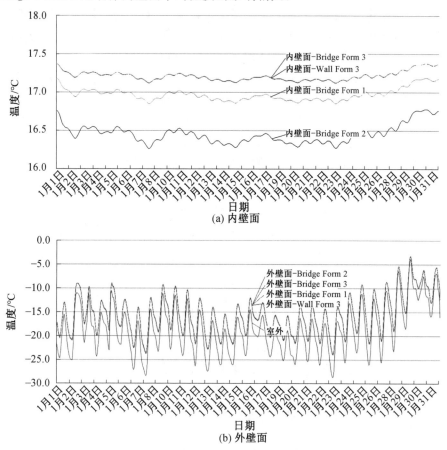

图 3.58　三种含热桥墙体与 Wall Form 3 墙体内外壁面平均温度逐时变化曲线

4.含热桥墙体模型模拟结果总结

综上,同一时刻 Bridge Form 1、Bridge Form 2、Bridge Form 3 的外壁面平均温度几乎相同;Bridge Form 3 的内壁面平均温度最高,Bridge Form 2 最低。

同一时刻,含热桥墙体主体部位壁面平均温度与实墙墙体壁面平均温度差异甚微,但 Bridge Form 1 和 Bridge Form 2 墙体主体部位的壁面平均温度与热桥接触部分的内外壁面平均温度存在不同程度的差异,Bridge Form 2 的热桥形式对墙体壁面平均温度分布的影响更大。Bridge Form 3 的热桥形式对墙体内外壁面平均温度分布几乎无影响。

三种热桥形式对墙体外壁面平均温度的影响几乎为零,Bridge Form 2 对墙体内壁面平均温度的影响稍大。

3.3.6　热阻值对墙体壁面平均温度的影响

为了研究墙体热阻值对墙体壁面平均温度的影响,本节选取不含窗户和热桥部分的墙体模型模拟结果进行分析。图3.59所示为室内平均温度18 ℃、1月1日24时时单一材料构造墙体、两种材料复合构造墙体、实墙墙体(数值模拟边界条件为严寒地区)内外壁面平均温度与墙体热阻值的对应关系。从图中可以看出,热阻值对墙体内外壁面平均温度的影响无显著规律。对于相同热阻值的墙体,其内外壁面平均值可能出现不同的结果,例如单一材料木材墙体和2C+1E复合构造墙体(200mm厚混凝土+100厚EPS板),两者热阻值相差甚微,分别为3 m²·K/W和3.034 m²·K/W,而由于构造层次和保温材料的差异,两种墙体内部呈现出了不同的传热过程,导致墙体壁面平均温度也不同,如图3.60所示。对于不同热阻值的墙体,其壁面平均温度也可能出现数值相近的结果。

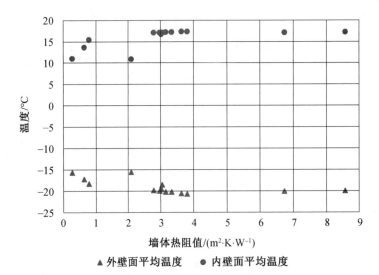

图 3.59　热阻值对墙体内外壁面平均温度的影响

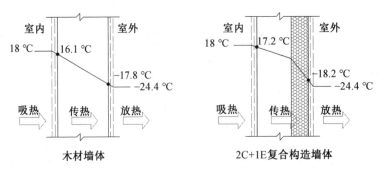

图 3.60　热阻值相同、构造不同的墙体内部传热过程

图3.61所示为哈尔滨室内平均温度18 ℃、1月1日24时时Wall Form 3、4、7、8、11、12墙体(数值模拟边界条件为严寒地区)内外壁面平均温度与墙体热阻值的对应关系,这组墙体构造形式相似,保温层与结构层的位置相同。图3.62所示为烟台室内平均温度18 ℃、1月1日24时时Wall Form 5、6、9、10、13、14墙体(数值模拟边界条件为寒冷地区)

内外壁面平均温度与墙体热阻值的对应关系,这组墙体构造形式也相似。两组模拟结果显示,墙体热阻值越大,墙体内壁面平均温度越高,墙体外壁面平均温度越低。

综上,对于同一构造类型的墙体,同一时刻、室内外环境相同的情况下,热阻值越大,保温性能越好,墙体内壁面平均温度越高,墙体外壁面平均温度越低,即墙体内外壁面平均温度越接近于室内外温度,墙体内外壁面平均温度差值越大。

对于不同构造类型的墙体,墙体内外壁面平均温度与热阻值的关系并无显著规律,结合上文中各类墙体模拟结果的温度分布云图可知,这与保温层的选取和位置顺序有关。在不稳定传热时,不同材料组成的墙体可能具有相同的热阻值,但各种材料对室外温度波动的衰减倍数存在差异,在经过保温材料衰减后,随着室内外温度的变化会延迟释放热量。因此,对于不同构造类型墙体的热工性能和传热过程,在考虑其热阻值的同时,还要考虑蓄热系数和热惰性等参数的影响。

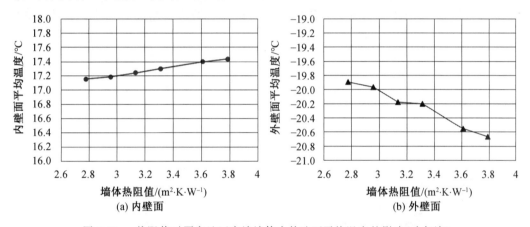

图 3.61　热阻值对严寒地区实墙墙体内外壁面平均温度的影响(哈尔滨)

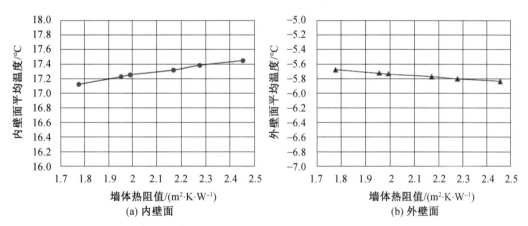

图 3.62　热阻值对寒冷地区实墙墙体内外壁面平均温度的影响(烟台)

3.4　本章小结

本章通过数值实验获取了建立热阻辨识模型所需的样本数据。总结如下:

　　（1）通过实体实验对外墙传热的数值模拟模型进行了验证，实验误差平均值为0.3 ℃。

　　（2）在调研寒区建筑基础上给出了物理模型类型，包括单一材料墙体模型、两种材料复合构造墙体模型、实墙墙体模型、有窗户的墙体模型及有热桥的墙体模型。边界条件的设定：室外温度选取黑龙江省哈尔滨市和山东省烟台市典型气象年冬季数据，室内分为18 ℃、20 ℃、22 ℃三种温度恒定情况和室内热源200 W、180 W、150 W三种温度变化情况。

　　（3）对数值实验的模拟结果进行了分析，得到了不同条件下多种形式构造墙体的温度分布和变化规律。墙体内外壁面平均温度变化规律同室外温度变化规律相似，呈现出近似正弦变化的规律，但有不同程度的延迟。模拟结果也显示出窗户和热桥对墙体传热的影响。另外，总结了热阻值对墙体壁面平均温度的影响，对于同类构造墙体，热阻值越大，保温效果越好，墙体内壁面平均温度越高，外壁面平均温度越低。但对于不同类型的构造墙体，并无显著规律可循。

第 4 章　基于机器学习的红外热像法测温修正与有效温度提取

在利用外墙热阻辨识模型进行现场测试时,墙体壁面动态温度数据是最重要的输入数据。传统热流计法只能获得少量点位上的温度数据,红外热像仪拍摄获取的单张红外图像中温度数据点可高达几万甚至几十万,温度信息充足丰富,并且通过配套软件可以对温度数据进行筛选、处理。因此,本章研究中将采用红外热像法获取墙体壁面平均温度数据信息。

然而,现场用红外热像仪测得的温度数据是在众多外扰因素作用下的表面温度,环境辐射、材料发射率、大气构成等因素都可能影响红外热像仪测温数据的准确性。本书所采用的 FLIR 红外热像仪作为世界先进的热像仪产品,其温度数据仍然需要修正。尽管在其他领域已有一些红外热像仪测温的校正或修正方法,但因建筑外墙构造、传热过程及所处的环境均有其独特性,其他领域的校正方法不完全适用于建筑外墙测量。因此,本书将利用人工神经网络的方法对建筑墙体红外热像图温度数据进行校正。

另外,虽然采用红外热像仪可以方便地获取墙体壁面平均温度数据,但对于外墙热阻辨识模型来说,需要的是排除灯柱、树木等遮挡物,并剔除门窗等构件的有效墙体温度信息,而不是红外热像图中的全部信息。因此,按照辨识模型所需的温度数据及相关输入量信息的要求,对红外温度图像进行处理并实现墙体壁面有效区域的温度数据自动提取也是本章的重要工作之一。

本章的主要内容包含两部分:首先是对红外热像法的测温数据进行修正,其次是对红外热像图片中墙体壁面有效区域的温度数据进行处理和自动提取。

4.1　红外热像法测温数据修正模型样本获取

4.1.1　红外测温数据修正方案

红外热像仪的测温误差已成为红外热像法尤其在量化研究领域急需解决的问题之一。实验数据表明,红外热像仪测得的温度与实际温度之间呈非线性相关,而神经网络和多元非线性回归可较好地拟合任意非线性数据。因此,本节将选取 RBF、BP 两种神经网络和 MNLR 多元非线性回归方法来建立红外热像法测温数据的修正模型,对比其修正效果,选择最优者。

数量足够且典型性好的样本数据对神经网络模型的建立及保证模型泛化能力至关重

要。完整的红外测温修正模型的建立需要考虑不同材料因素的影响,影响红外热像仪的因素众多,而本书的红外图像样本数据为建筑墙体构造,拍摄条件为近距离且夜间采集,可以排除太阳辐射、大气投射、高温物体及自身发热源等因素的影响,仅受表面温度和环境温度的影响。发射率是决定表面温度的重要因素,也称为比辐射率、发射系数或黑度,它是指物体发射的辐射通量与同温度下黑体辐射通量之比(黑体是一种理想化的辐射体,可辐射出所有的能量,其表面的发射率为1)。红外热像仪在实际使用时需要手动调整"发射率"这一参数,准确设置发射率参数是使用红外热像仪进行测温的重要前提,由于建筑墙体壁面材料的性质不同,其发射率也会不尽相同,发射率的选择不当将会使红外测温数据产生误差。另外,考虑到实验条件、时间效率等因素,本节将选择"发射率"作为校准模型的输入变量之一。

红外测温数据修正模型的样本数据通过实验室实验获取,样本数据包括红外热像仪的测温数据(即校准前的测温数据 T_{IR})、材料发射率 ε 和热电偶的测温数据(即校准后的准确温度 T_{TC}),T_{IR}、ε 为校准网络的输入变量,T_{TC} 为输出变量,三者的关系可以表示为

$$T_{TC} = f(T_{IR}, \varepsilon) \tag{4.1}$$

本节将首先介绍修正模型训练样本的实验采集方案,为神经网络模型和多元非线性回归方法的建立提供数据保障。

4.1.2　实验仪器的选择与参数设定

实验数据的采集工作在哈尔滨工业大学寒地城乡人居环境科学与技术工业和信息化部重点实验室的门窗传热系数检测系统中进行,利用热电偶法和红外热像法同时对材料样本进行测试,所用仪器型号分别为 BES－G 智能多路热电偶温度检测仪和 FLIR B425 的红外热像仪,仪器的基本参数如表 4.1 所示,现场测试照片如图 4.1 所示。

表 4.1　仪器基本参数

	FLIR B425 红外热像仪	BES－G 智能多路热电偶温度检测仪
测温范围	－20 ～ 120 ℃	－40 ～ 100 ℃
精度	±2 ℃ 或 ±2％	±0.3 ℃

4.1.3　实验样本

选取五种常用建筑材料作为实验样本,即混凝土板、石膏板、木板、EPS 板与大理石板。EPS 板与大理石板的规格为 600 mm × 600 mm,混凝土板、石膏板与木板的规格为 600 mm ×1 200 mm,各材料样本表面均设 8 个测点,红外热像仪拍摄镜头垂直于材料表面,两者之间距离 1 m。图 4.2 所示为样本尺寸及测点位置示意图。各材料现场测试照片如图 4.3 所示。

冷室内平均温度从－20 ℃升温至 20 ℃,利用红外热像法和热电偶法同时测量,每 15 s 自动记录数据 1 次,持续记录。

图 4.1　现场测试照片

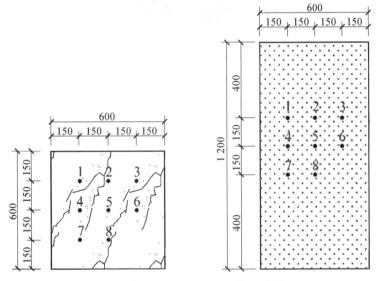

图 4.2　样本尺寸及测点位置示意图(单位:mm)

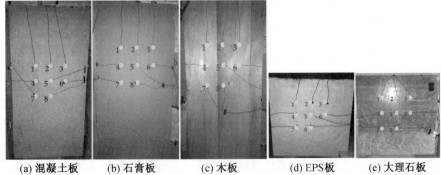

(a) 混凝土板　　(b) 石膏板　　(c) 木板　　(d) EPS板　　(e) 大理石板

图 4.3　各材料现场测试照片

4.1.4 测试结果

五种材料在某一时刻的红外测温图像如图 4.4 所示,每种材料在温度变化的环境中呈现出不同的温度分布情况。以混凝土板为例,测点 1、3、5 分别被红外热像仪和热流计检测的温度随时间变化曲线如图 4.5 所示。

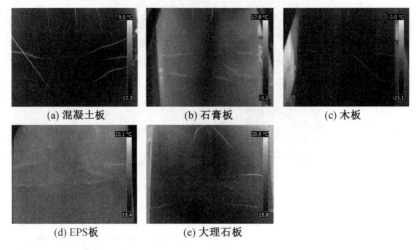

(a) 混凝土板　　　　(b) 石膏板　　　　(c) 木板

(d) EPS板　　　　(e) 大理石板

图 4.4　各材料的红外测温图像

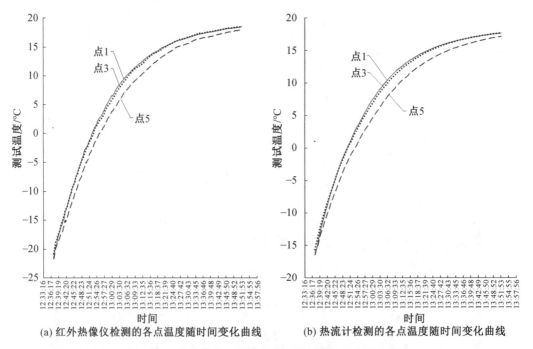

(a) 红外热像仪检测的各点温度随时间变化曲线　　　(b) 热流计检测的各点温度随时间变化曲线

图 4.5　红外热像仪和热流计检测的混凝土板各测点温度

由于测温数据较多,仅选取各种材料测点 1 的情况介绍说明,图 4.6 所示为五种材料测点 1 分别采用热像仪法和热电偶法测得的温度变化曲线。从测温数据中可以看出,在低温范围内,热像仪的测温数据明显低于热电偶的测温数据,温度越低差异越大;当温度达到 10 ℃ 左右时,热像仪的测温数据开始高于热电偶的测温数据但差异甚微;随着温度继续升高,两种测试方法的温度数据趋于平行。这说明,红外热像仪在不同温度时会产生不同程度的测温误差,低温环境尤其明显,两种方法得到的温度数据呈现出非线性关系。因此,需要对热像仪的测温数据进行修正。

各材料的有效样本数据数量如表 4.2 所示,这些温度数据将用于神经网络建模。

表 4.2　各材料的有效样本数据数量

材料名称	单点有效数据数量	有效数据组数	有效数据总数
混凝土板	300	8	2 400
大理石板	450	8	3 600
石膏板	200	8	1 600
木板	200	8	1 600
EPS 板	100	8	800
总计	—	—	10 000

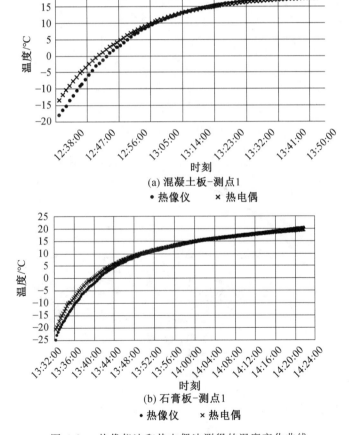

(a) 混凝土板-测点1
• 热像仪　× 热电偶

(b) 石膏板-测点1
• 热像仪　× 热电偶

图 4.6　热像仪法和热电偶法测得的温度变化曲线

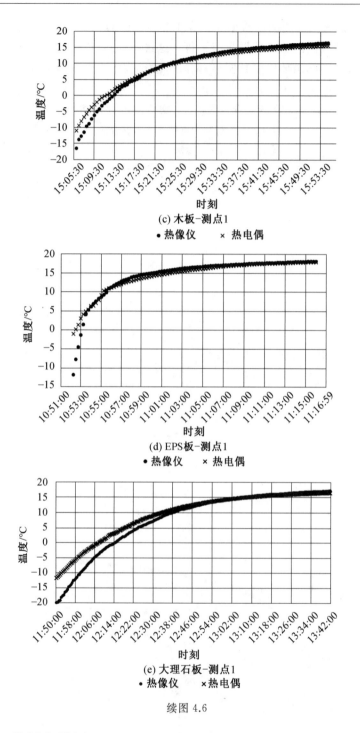

(c) 木板-测点1

● 热像仪　　× 热电偶

(d) EPS板-测点1

● 热像仪　　× 热电偶

(e) 大理石板-测点1

● 热像仪　　× 热电偶

续图 4.6

4.1.5　发射率检测

发射率与地物的性质、表面状况(如粗糙度、颜色等)有关,并且是温度和波长的函数。本书采用绝缘胶带法检测材料的发射率,基本过程如下:选择一个温度稳定的室内空间,将一块黑色的 3M 电气绝缘胶带贴于被测材料样本表面,胶带发射率为 0.93,确保胶带与被测目标的表面接触紧密,并保持半小时。当被测材料样本表面与胶带充分达到热平衡状态时,通过调整红外热像仪的发射率参数,使热像仪显示被测材料表面的温度与绝缘胶带表面温度相等,此时的发射率即为被测材料样本正确的发射率。实验测得五种材料的发射率如表 4.3 所示。

表 4.3　实验材料的发射率

材料名称	大理石板	混凝土板	石膏板	木板	EPS 板
发射率	0.93	0.94	0.95	0.9	0.95

4.2　红外热像法测温数据修正模型建立

本节将采用人工神经网络(Artificial Neutral Network,ANN)方法和多元非线性回归(Multiple Nonlinear Regression,MNLR)法建立测温数据修正模型,比较其修正效果,选择修正误差最小的工具建立完整的红外热像仪测温修正模型,最后通过现场测试检验该模型的准确性。

4.2.1　ANN 和 MNLR 用于建立红外测温数据修正模型的可行性分析

1.ANN 和 MNLR 概述

(1)人工神经网络方法。

人工神经网络,即通过模拟人脑神经元的结构和学习记忆的功能,对数据信息进行处理、学习及推理预测。在大部分情况下,输出变量对输入变量的依赖关系均为非线性函数的关系,而函数表达式往往很复杂,人工神经网络可以通过"灰箱"系统进行解决,使用者无须完全理解非线性函数在物理世界中的现实意义。简单来说,神经网络是模拟人脑神经元结构及功能的智能信息处理系统。人工神经网络方法具有良好的自学习能力、泛化能力和并行信息处理能力,在解决非线性和不适定性系统辨识问题方面具有显著优势。

人工神经网络按照其信息处理单元的连接方式,可分为前馈神经网络和反馈神经网络。前馈神经网络即每层收集上一级信息并传输到下一级,各层间无反馈。前馈神经网络包括 BP 神经网络和 RBF 神经网络等。反馈神经网络较前馈神经网络,某些网络节点在接收输入的信息外,还接收其他节点的反馈,或是自身节点的反馈。反馈神经网络包括 Hopfield、Hamming、BAM 等。

与传统的辨识方法相比较,人工神经网络方法用于系统辨识,具有较强的非线性映射能力和逼近能力,收敛速度快,结构简单,适于在线控制。

(2)多元非线性回归法。

回归分析法是通过观察大量样本数据并找到自变量与因变量之间的回归关系方程式的数理统计方法,当包含两个或两个以上的自变量时则称为多元回归分析,非线性回归分析则是指自变量与应变量的关系呈非线性的函数关系。简而言之,多元非线性回归是由于影响因变量的自变量不止一个,而通过多个因变量预测自变量的回归分析方法。

2.可行性分析

采用 ANN 和 MNLR 对红外图像温度数据进行校准,要保证所选方法的可行性。神经网络中的 BP、RBF 网络具有较强的非线性映射能力,本书4.1节中通过实验也得到了红外热像仪拍摄的温度与准确温度之间的非线性关系,两种网络各自原理和特点将在下文详细介绍。由于 BP、RBF 神经网络在构建修正模型时不需要给出输入变量和输出变量之间的明确关系,两种网络仅需要输入变量与输出变量间具有映射关系即可,因此,选取 BP、RBF 两种神经网络建立红外测温数据的修正模型。

MNLR 多元非线性回归在解决非线性问题方面具有浅显易懂、准确可靠的优势,该方法能够建立自变量与因变量的相互关系,给出直观的表达式,进而直接计算得到预测值。MNLR 方法能够自动筛掉样本数据中的不稳定数据,不受给定实验样本的范围限制。

神经网络和多元非线性回归的搭建均通过美国商用数学软件 MATLAB 实现。MATLAB 是一种能够执行多种算法、绘制函数、分析数据的高级技术计算语言,用户可以通过 MATLAB 免于复杂的数学运算过程,即能实现用户界面的创建、算法的开发、数值计算等多种功能。另外,MATLAB 自带多个应用工具箱,具备丰富功能,方便实用,操作直观,可以为用户提供更多便捷。MATLAB 被广泛应用于图像识别、风险预测、信号处理、金融分析等领域。

4.2.2　修正模型样本数据处理

(1) 输入、输出变量样本的确定。

根据式(4.1),红外热像仪的测温数据 T_{IR} 和材料发射率 ε 同时作为网络的输入变量,输入变量的矩阵形式可表示为

$$P = \begin{bmatrix} T_1, T_2, T_3, \cdots, T_n \\ \varepsilon_1, \varepsilon_2, \varepsilon_3, \cdots, \varepsilon_n \end{bmatrix} \tag{4.2}$$

当修正模型建立后,输入 P,经软件仿真后即可得到输出向量温度数据 T_R。

为了缩小神经网络的规模,提高网络的运行效率,并达到准确校准的目的,本章中所建立的神经网络修正模型选用五种常用建筑材料,温度数据从 $-20 \sim 20 \ ℃$,可基本涵盖外墙热阻检测的温度条件范围。

(2) 样本数据预处理。

MATLAB 在运行过程中不能自主识别无效样本信息,为了确保神经网络训练样本的可靠性与完整性,首先需要手动删除无效样本。样本信息无效有两个主要原因:一方面是测试过程中 BES－G 智能多路热电偶温度检测仪与材料接触不良,导致记录的温度数据非材料表面温度的数据错误;另一方面是测试过程中仪器未能记录数据,导致样本信息缺失。总之,要保证输入网络的每组样本数据必须是完整有效的。

要保证网络的适应性和泛化能力,就要保证训练样本的有效性并对其进行优化处理。首先要确保参数变化范围的一致性和正常性,网络各输入参数变化应大致相同,排除

奇异值。经过筛查后共获得 10 000 组有效数据,并将有效的输入样本进行合理的分区,用来训练和检验。

另外,在神经网络建立之前,需要对样本数据进行数值归一化处理,归一化处理是指每个维度都通过标准偏差来进行缩放或者确保每个维度最大值和最小值在 $-1 \sim 1$ 之间,数值归一化处理能够较好地改变网络的训练效率。归一化处理是无量纲化的一种方法,防止因变量之间单位不同、数值差异过大对神经网络训练产生过大影响,导致网络训练速度过慢甚至不收敛,而是突出数据之间的主要矛盾。

4.2.3　基于 BP 网络的红外测温数据修正模型的建立

BP 神经网络(Back Propagation Network)是前馈式神经网络的一种,BP 神经网络通过训练样本数据,对网络的权重和阈值进行不断修改,使得误差函数沿负梯度方向减小,逼近期望输出。BP 神经网络被广泛用于函数逼近、模型识别和分类、数据压缩和时间序列预测领域。

BP 网络由输入层、隐含层和输出层组成,其中隐含层可以有一层或多层,三层的 BP 神经网络模型结构示意图如图 4.7 所示。

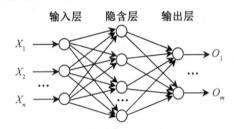

图 4.7　三层的 BP 神经网络模型结构示意图

BP 算法的基本思想是通过误差反向传播,寻找误差原因,调整参数。网络选用式(4.3)的 S 型传递函数通过式(4.4)的反传误差函数不断调节网络权值和阈值使误差函数 E 达到极小。

$$f(x) = \frac{1}{1 + e^{-x}} \tag{4.3}$$

$$E = \frac{\sum_i (t_i + o_i)^2}{2} \tag{4.4}$$

式中　t_i——期望输出;

　　　o_i——网络的计算输出。

BP 神经网络具有较强的非线性映射能力和泛化能力,但也存在局限性,例如影响参数多、迭代速度慢、容易出现局部极小和全局搜索能力差等。

在进行 BP 网络模型设计时,需要考虑的因素包括样本数量、网络层数、输入层和输出层的节点数、网络数据的预处理、隐含层的节点数、传输函数、训练方法等。在本节红外温度数据校准 BP 网络模型的建立中,输入层的神经元激励函数采用双曲正切 S 型传输函数(TANSIG),隐含层的神经元激励函数采用线性传输函数(PURELIN),网络训练采用变梯度反向传播算法(TRAINLM),学习函数为梯度下降动量学习函数(LEARNGDM),性能函数选择均方误差性能函数(MSE)。其他因素的设置过程如下。

(1) 训练样本数量。

训练样本的数量对网络的性能起着重要作用,训练样本数量过少,可能导致网络训练不能收敛,训练样本数量也并非越多越好,样本数量过多可能会导致训练过度拟合。为了对比训练样本数量对网络修正结果的影响,采取不同数量训练样本分别进行网络训练,并选取同一组包含100组数据的检验样本进行比较,通过相对误差比较其修正结果的准确性。全部数量区域范围内的训练样本数量对BP网络的修正结果影响如表4.4所示,可以看出,BP神经网络的预测结果与训练样本数量大致呈现出"两头大中间小"的关系。当训练样本数量少于4 000时,训练样本数量越多,相对误差越小;当训练样本数量多于4 000时,相对误差反而随训练样本的数量增多而减少。总之,训练样本数量为4 000时预测结果最佳。

表 4.4　训练样本数量对 BP 网络修正结果的影响

训练样本数量	1 000	2 000	3 000	4 000	5 000	6 000	7 000	8 000	9 000	10 000
BP 网络预测误差 /%	27.9	21.3	15.8	7.1	12.1	33.3	23.4	29.9	78.3	154.0

为了得到更精准的结果,将训练样本数量范围缩小至3 500 ~ 4 500,其训练样本数量对BP网络的修正结果影响如表4.5所示,训练样本数量和网络预测结果并没有呈现出显著的线性关系,当训练样本数量为4 100时修正结果最佳。因此,在建立BP神经网络时,训练样本数量为4 100。

表 4.5　训练样本数量对 BP 网络修正结果的影响(3 500 ~ 4 500 数量范围)

训练样本数量	3 500	3 600	3 700	3 800	3 900	4 000	4 100	4 200	4 300	4 400	4 500
BP 网络预测误差 /%	16.6	27.2	24.2	18.8	15.0	7.1	6.9	11.0	12.4	17.7	15.6

在网络训练时,其他影响参数的设置要根据训练样本数量进行调整,下文将介绍训练样本数量为4 100时的参数设置。

(2) 隐含层节点数。

在众多因素当中,隐含层层数、隐含层节点数和学习率对网络训练的准确性较为重要。研究表明,一般情况下,单层隐含层的前馈网络足以映射所有连续函数,若此时网络性能没有得到改善,再考虑设两层隐含层。本书在多次训练比较后选择两层隐含层。

隐含层节点数过小,会降低网络性能,过大可能会导致网络过度拟合,而网络初始权值和阈值无法设定。因此,在实际应用中,为确保良好的网络性能和较高的泛化能力,并降低过度拟合现象出现的概率,通常根据如下的经验公式结合经验试凑法确定隐含层节点数。

$$n = \sqrt{X + Y} + \alpha \tag{4.5}$$

$$n = \log_2 Y \tag{4.6}$$

$$\sum_{i=0}^{X} C_n^i > N \tag{4.7}$$

式中　　n——隐含层节点数;

X——输入层节点数；

Y——输出层节点数；

α——$1 \sim 10$ 间的常数；

N——样本数；

i——$[0,X]$ 间的常数。

根据式(4.5)～(4.7)可以初步确定本研究中创建的 BP 神经网络预测模型中隐含层节点数为 6；为了便于实际操作，将 BP 神经网络模型第 1 个隐含层的神经元个数设置为 6 个。然后在相近区域内多次筛查，确定隐含层节点数对训练误差的影响，如图 4.8 所示，BP 神经网络的训练误差总体趋势是随着隐含层节点数的增加而减少，当隐含层节点数为 10 时其训练误差最小。

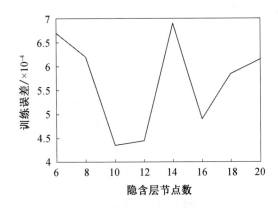

图 4.8　隐含层节点数对 BP 神经网络训练误差的影响

（3）学习率。

在 BP 网络的大部分学习函数中，学习率是必须设置的因量，学习率过低会使计算时间加长，而过高又可能导致网络不收敛甚至发散。本书通过多次尝试，得到学习率对其训练误差的影响，如图 4.9 所示，当学习率为 0.1 时其训练误差最小。

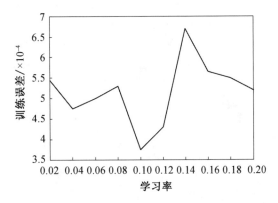

图 4.9　学习率对 BP 神经网络训练误差的影响

（4）训练误差曲线。

本章研究中以输出层、隐含层（两层）、输出层内神经元个数分别为 2－10－1－1 所创建的 BP 神经网络训练误差曲线如图 4.10 所示，可以看出，网络收敛较快且平稳，说明 BP 神经网络预测模型的性能较好。

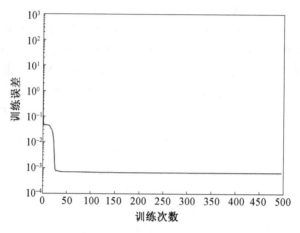

图 4.10　BP 神经网络训练误差曲线

（5）回归分析。

将有效的样本数据进行合理的分区，用来训练、检验及测试。网络构建的具体过程为首先通过训练样本搭建网络模型，在训练及"学习"过程中使得模型具有预测能力；然后使用测试样本检验网络模型的泛化能力，判断网络是否能够对未参与过训练的数据做出准确的预测；最后，使用测试样本验证网络最终的校准性能。图 4.11 所示为网络训练性能、检验性能、测试性能以及总性能的回归分析，其中 R 为相关系数，越接近 1 其相关程度越大，即拟合效果越好。训练性能、检验性能、测试性能的 R 值分别为 0.993 12、0.993 11、0.997 76，理想回归线与最优回归线基本重合，说明二者的拟合效果均很好，最终总体性能的 R 值也达到了 0.993 78。

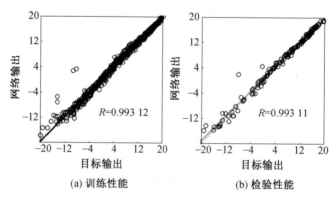

图 4.11　BP 神经网络回归分析图

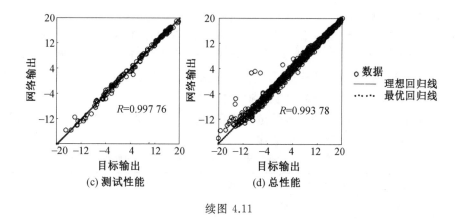

续图 4.11

4.2.4　基于 RBF 网络的红外测温数据修正模型的建立

RBF 神经网络(Radial Basis Function Network)又称径向基神经网络,能够逼近任意的非线性函数,是一种三层前馈网络,包括输入层、隐含层和输出层。RBF 神经网络(图 4.12)与 BP 网络在结构上基本相同。

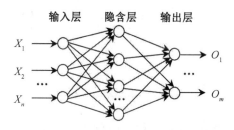

图 4.12　RBF 神经网络结构示意图

从输入层到隐含层的关系是非线性的,而隐含层到输出层的映射是线性的。其模型可以用公式表示为

$$y_i = \sum_{i=1}^{n} w_{ij}\varphi(\parallel x - u_i \parallel^2) \quad (j=1,\cdots,p) \tag{4.8}$$

RBF 网络的隐含层是一种非线性的映射,RBF 隐含层常用激活函数是高斯函数,表示为

$$\varphi(\parallel x - u \parallel) = \mathrm{e}^{-\frac{|x-u|^2}{\sigma^2}} \tag{4.9}$$

σ 为基函数的扩展常数或宽度,σ 越小,径向基函数的宽度越小,基函数就越有选择性。

RBF 神经网络相当于用隐含层单元的输出构成一组基函数,然后用输出层来进行线性组合,以完成逼近功能。RBF 神经网络的基本思想是 RBF 神经网络隐含层将数据转化到高维空间,认为存在某个高维空间能够使得数据在这个空间是线性可分的。因此输出层是线性的。

在 RBF 网络模型设计中,主要影响参数为隐含层节点数和扩展系数 Spread。

（1）训练样本数量。

为了对比训练样本数量对 RBF 网络修正结果的影响，同样采取不同数量训练样本分别进行网络训练，选取同一组包含 100 组数据的检验样本进行比较，全部数量区域范围内的训练样本数量对 RBF 网络修正结果的影响如表 4.6 所示。可以看出，当训练样本数量少于 3 000 时，RBF 网络预测误差随着训练样本数量增多而减小；当训练样本数量多于 3 000 时，网络预测误差随训练样本数量的增多大致呈现出增大趋势。总之，训练样本数量为 3 000 时 RBF 网络的预测结果最佳。

表 4.6　训练样本数量对 RBF 网络修正结果的影响

训练样本数量	1 000	2 000	3 000	4 000	5 000	6 000	7 000	8 000	9 000	10 000
RBF 网络预测误差 /%	36.8	21.1	5.8	24.3	67.2	41.4	66.9	137.9	139.0	248.2

将训练样本数量范围缩小至 2 500 ～ 3 500，以便得到更精准的结果，其训练样本数量对 RBF 网络修正结果的影响如表 4.7 所示。训练样本数量和网络预测结果的关系无显著规律可循，训练样本数量为 2 800 时误差最小。因此，在建立 RBF 神经网络时，训练样本数量为 2 800。

表 4.7　训练样本数量对 RBF 网络修正结果的影响（2 500 ～ 3 500 数量范围）

训练样本数量	2 500	2 600	2 700	2 800	2 900	3 000	3 100	3 200	3 300	3 400	3 500
RBF 网络预测误差 /%	14.8	15.3	10.7	5.1	9.4	6.8	11.9	8.3	11.9	22.7	20.4

（2）中心节点数。

RBF 神经网络隐含层节点数的设定与 BP 网络大致相似，图 4.13 所示为 RBF 网络的隐含层节点数对其训练误差的影响，如图所示，当中心节点数为 100 时其训练误差最小。

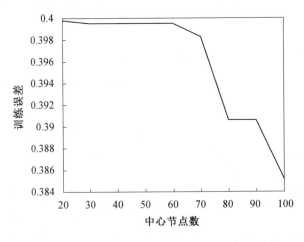

图 4.13　中心节点数对 RBF 神经网络训练误差的影响

（3）扩展系数。

扩展系数 Spread 是 RBF 函数的分布密度，取值越大，函数越平滑，默认值为 1，但太大的取值会导致数值计算上的困难,所以需要适当减小 Spread 的值。因此在网络设计的过程中,需要用不同的扩展常数进行尝试,以确定一个最优值。图 4.14 所示为扩展系数对其训练误差的影响,当扩展系数为 0.1 时其训练误差最小。因此,RBF 网络的最优扩展系数选取 0.1。

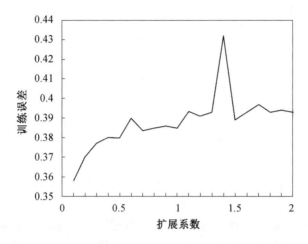

图 4.14　扩展系数对 RBF 神经网络训练误差的影响

(4)训练误差曲线。

RBF 网络训练调节过程曲线如图 4.15 所示,可以看出,网络平稳收敛。这为进一步检验 RBF 神经网络预测模型的性能奠定了基础。

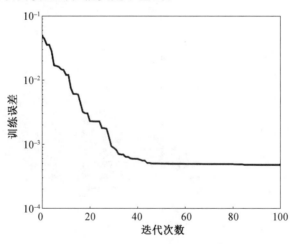

图 4.15　RBF 网络训练调节过程曲线

4.2.5　基于 MNLR 的红外测温数据修正模型的建立

本书对红外温度数据校准的多元非线性回归模型基于软件 MATLAB2014b 中的拟合工具箱(cftool)进行建立。cftool 拟合工具箱操作简单、功能强大,能实现多种类型的线性、非线性曲线拟合和回归分析。

与神经网络模型的建立相似,将多元非线性回归模型的因变量设置为红外热像仪拍

摄得到的温度 x 和材料的发射率 y,自变量设置为校准后得到的准确温度 $f(x,y)$,即智能多路热电偶温度检测仪测得的温度。

　　拟合结果的确定,主要看相关系数 R^2 是否最接近 1,均方根误差 RMSE 是否比较小。cftool 拟合工具箱中有 Custom Equations、Interpolant、Polynomial 等函数类型可供选择,经过多次调试及结果对比,本书选取 Polynomial 多形式逼近函数,最终得到的拟合函数如式(4.10)所示,式中输入量包括红外温度 x 和发射率 y,x 选择 5 次幂,y 选择 3 次幂结果最佳。

$$
\begin{aligned}
f(x,y) = & \, p00 + p10 \times x + p01 \times y + p20 \times x^2 + p11 \times x \times y + \\
& p02 \times y^2 + p30 \times x^3 + p21 \times x^2 \times y + p12 \times x \times y^2 + \\
& p03 \times y^3 + p40 \times x^4 + p31 \times x^3 \times y + p22 \times x^2 \times y^2 + \\
& p13 \times x \times y^3 + p50 \times x^5 + p41 \times x^4 \times y + p32 \times x^3 \times y^2 + \\
& p23 \times x^2 \times y^3
\end{aligned}
\tag{4.10}
$$

　　拟合结果如图 4.16 所示,图中输入变量 P1、P2 分别为 x、y,T 即 $f(x,y)$,拟合结果中均方根误差 RMSE 为 0.195 9,拟合系数 R^2 为 0.999 5,拟合效果较好。

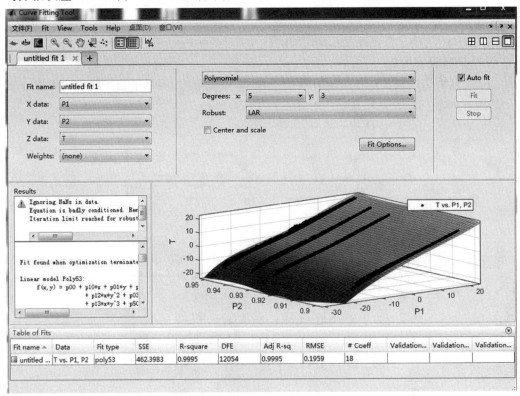

图 4.16　多元非线性回归拟合结果

4.2.6　修正结果对比

　　为了对比 BP 神经网络、RBF 神经网络以及多元非线性回归三种方法的准确性和泛化能力,将在实验样本数据中随机选取相同的 100 组数据,比较其检验结果的绝对误差、相对误差和均方误差。

（1）绝对误差对比。

图 4.17 所示为 BP 神经网络、RBF 神经网络以及 MNLR 三种方法的绝对误差对比结果。从图中可以看出，三种方法的绝对误差曲线波动趋势大致相似，RBF 神经网络、BP 神经网络和 MNLR 的绝对误差峰值分别为 2.6 ℃、2.1 ℃ 和 3.9 ℃，BP 神经网络、RBF 神经网络以及 MNLR 三种方法的绝对误差平均值分别为 0.4 ℃、0.3 ℃ 和 0.4 ℃。

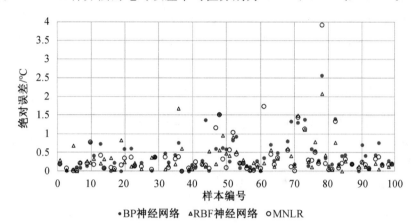

图 4.17　BP 神经网络、RBF 神经网络以及 MNLR 三种方法的绝对误差对比结果

（2）相对误差对比。

图 4.18 所示为 BP 神经网络、RBF 神经网络以及 MNLR 三种方法的相对误差对比结果。

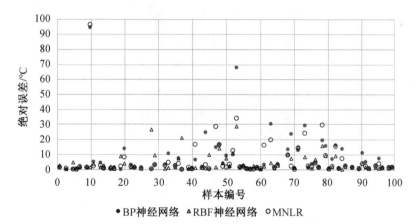

图 4.18　BP 神经网络、RBF 神经网络以及 MNLR 三种方法的相对误差对比结果

从图 4.18 中可以看出，三种方法的相对误差曲线波动趋势大致相似，BP 神经网络、RBF 神经网络和 MNLR 的相对误差峰值分别为 94.1%、28.6% 和 95.9%；100 组检测数据中相对误差大于 10% 的数量分别为 17 组、9 组、16 组，BP 神经网络和 MNLR 方法个别误差太大说明其稳定性较差。BP 神经网络、RBF 神经网络以及 MNLR 三种方法的相对误差平均值分别为 7.0%、4.3% 和 5.6%。RBF 神经网络的修正误差要低于另外两种方法。

（3）均方误差对比。

均方误差（Mean Squared Error，MSE）是评价数据变化程度的一种方法，均方误差值越大，大多数数值与它们的平均值之间的差异越大，均方误差值越小，意味着这些值更接近平均值。也就是说，网络拟合的精确度越高，网络性能越平稳。BP 神经网络、RBF 神经网络和 MNLR 三种方法的均方误差分别为 0.022、0.007 和 0.017。对于该组数据，RBF 神经网络的拟合效果最佳。

综上所述，RBF 神经网络的拟合效果要优于 BP 神经网络和 MNLR。因此，选用 RBF 神经网络建立红外热像仪测温修正模型，并在 4.2.7 节中利用实测数据对其准确性和实用性进行验证。

4.2.7　红外热像法测温修正模型的实验验证

为了进一步验证该模型的可行性，本书进行了现场测试。

测试时间为 2016 年 2 月 12 日 19 点，室外温度为 −13 ℃，测试目标为哈尔滨市区内某一平房墙体外壁面，测点编号为测点 1、测点 2。墙体壁面材料为普通抹灰，表面发射率为 0.95。红外校准实测照片如图 4.19 所示。

图 4.19　红外校准实测照片

同时采用型号为 FLIR B425 的红外热像仪和 BES−G 智能多路热电偶温度检测仪对测点进行测试，实测结果及 RBF 神经网络的修正结果如表 4.8 所示，两个测点的温度误差平均值为 0.1 ℃，结果显示出了较高的修正精度。

表 4.8　实测结果及 RBF 神经网络的修正结果

测点	红外温度 /℃	热电偶温度 /℃	RBF 校准温度 /℃	温度误差 /℃
1	−11.4	−9.1	−9.2	0.1
2	−11.3	−9.1	−9.2	0.1
平均误差	—	—	—	0.1

现场实验数据的修正结果表明，本书所建立的红外热像仪测温修正模型准确性较

高,具有较高的实用性。

4.3　有效区域温度数据的处理与提取

4.3.1　有效区域温度数据提取方法

本书研究对象为外墙主体部分。现实情况中,建成建筑墙体构造复杂,如存在热桥、使用空心砌块、拼接缝等,会导致壁面平均温度分布存在差异,不同部位的温度、面积等都可能是辨识模型所需的必要信息。但是,外墙红外热像画面中有时会不可避免地出现其他物体,如天空、树木、电线、门窗玻璃等,需要对这些无关的背景进行分离。因此有必要研究符合辨识模型输入要求的图像分割、有效区域的图像提取等自动处理方法。

FLIR 热像仪自带的图像分析软件 FLIR QuickReport 可以提取整体区域,局部区域,点、线的温度信息,若要提取墙体部分有效区域的温度数据,需要根据区域所占面积比例进行核算,效率较低。因此本书将借助 MATLAB 软件编程实现红外图像有效区域的温度数据提取功能。

实现有效区域温度数据提取程序所需工具包括红外热像仪厂家自带的数据处理软件 FLIR QuickReport 1.2 以及 MATLAB 软件,FLIR QuickReport 1.2 用来获取红外图像全部 Excel 数据,MATLAB 实现提取有效温度数据的编程工作。

《居住建筑节能检测标准》(JGJ/T 132—2009)中规定了采用温度异常区域判定热工缺陷的检测方法,即以温度与主体墙体温度差 1 ℃ 作为评判标准。参考该标准的评判思路,窗户等构件在冬季温度较低时,其外壁面平均温度会明显高于墙体主体部位的外壁面平均温度,内壁面平均温度会低于主体部位的内壁面平均温度,其壁面平均温度与主体墙体温度差异更大。根据这一特性,在红外图像有效区域温度数据提取中,可将窗户及其他机器设备发热源等看作建筑墙体"缺陷"。因此,MATLAB 提取有效温度数据的思路如下:

首先,通过 FLIR QuickReport 分别导出整张红外图像的全部 Excel 温度数据和图像中门窗等尺寸较大部位的 Excel 温度数据,通过 MATLAB 编程将两部分数据进行处理,得到剩余部分的温度数据,留作后续处理。门窗等部位的温度数据可大致框选出,不必过于精准,多余部分可通过后续步骤进行剔除。该过程的思路如图 4.20 所示。同时,确定"缺陷"表面与主体表面接近中心位置的温度,两者的温差命名为 x ℃。(注:由于 FLIR QuickReport 软件带有自身保护功能,无法通过 MATLAB 操控该软件进行打开、编辑和导出 Excel 的程序,因此本书只能通过 FLIR QuickReport 导出红外图像的 Excel 温度数据,然后再导入 MATLAB 对其进行代码编写。)

其次,根据实际情况,排除温度大于 30 ℃ 及小于 −30 ℃ 的温度像素(正常取暖的建筑外墙不可能出现温度过高或过低的情况,温度过低可能是天空部分,温度过高可能是空调管线等设备构件)。

然后,参考《居住建筑节能检测标准》(JGJ/T 132—2009)中规定的采用温度异常区域判定热工缺陷的检测思路,将剩下区域排除。以下为具体过程,大部分红外图像像素为 300×300,命名为 A,考虑到拍摄距离和实际墙体尺寸,1 个像素可相当于 10 mm 的实际

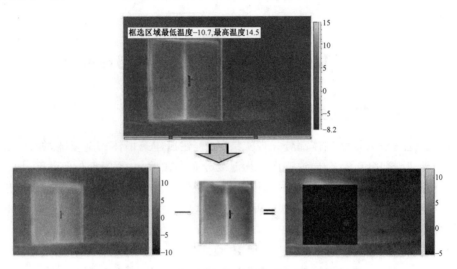

图 4.20　红外图像门窗部位剔除思路示意图(单位:℃)

尺寸,任意选取其中像素为 5×5 的区域 A1,A2,A3,…,An,当拍摄对象为建筑外墙时,若 An 的平均温度高于其他区域(A−An)平均温度 x ℃ 时,即认定 An 区域为温度异常的无效区域,即非墙体主体部分,A1 ～ An 依次排查直至完全排除无效区域为止;当拍摄对象为建筑内墙时,若 An 的平均温度低于其他区域(A−An)平均温度 x ℃ 时,即认定 An 区域为无效区域。

基本思路示意图如图 4.21 所示。

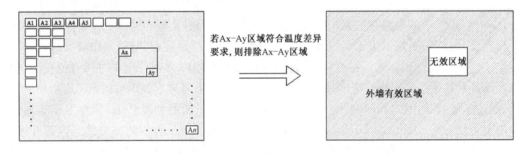

图 4.21　红外图像有效区域温度数据提取的基本思路示意图

当 x ℃ 为 1 ℃ 时,该方法同样适用于排除热桥区域。

通过墙体壁面有效区域温度数据提取程序可直接得到有效区域温度数据的平均温度,有效区域和无效区域通过不同颜色显示出来。

4.3.2　有效区域温度数据提取程序检验结果

本节选取两张红外图像对有效区域温度数据提取程序进行检验。

(1)红外图像名称为 IR_1139,为某建筑外墙内壁面,FLIR QuickReport 手动计算得到的有效区域温度数据平均值为 5.9 ℃,MATLAB 有效区域温度数据提取程序中自动算取的平均值为 5.7 ℃,忽略手动计算误差,则 MATLAB 有效区域温度数据提取程序计算误差为 0.2 ℃。红外图像原图及有效区域提取结果如图 4.22 所示。

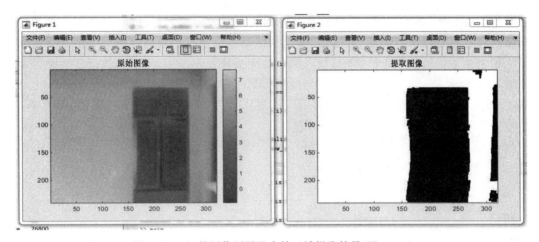

图 4.22　红外图像原图及有效区域提取结果(IR_1139)

(2) 红外图像名称为 IR_3441,为某建筑外墙外壁面,FLIR QuickReport 手动计算得到的有效区域温度数据平均值为 −11.7 ℃,MATLAB 有效区域温度数据提取程序中自动算取的平均值为 −11.8 ℃,计算误差为 0.1 ℃。红外图像原图及有效区域提取结果如图 4.23所示。

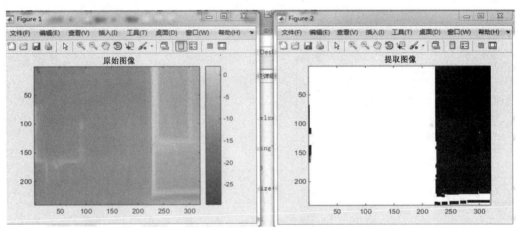

图 4.23　红外图像原图及有效区域提取结果(IR_3441)

两张红外图像的有效区域温度数据提取程序计算误差平均值为 0.15 ℃,误差较小,提取程序的可靠性较高。

4.3.3　红外图像数据处理软件界面设计

MATLAB 提供了图形用户界面的设计与开发,使用户对所编写的程序进行更直观的操控。

1.红外图像数据处理系统界面概况

系统界面名称为"红外图像数据处理系统",设计该系统界面的主要目的是通过界面的直观操作实现"对红外热像法的测温数据进行修正"和"对红外热像图片中有效数据的处理和自动提取"两大功能。系统的全部操作均在同一界面上进行,界面分为左侧的操作按钮和右侧的图像结果显示两大区域,包含"基本信息""单点温度校准""多点温度校准"和"温度数据提取"四个功能板块。四个功能板块互不干预,可单独执行。系统界面如图4.24所示。

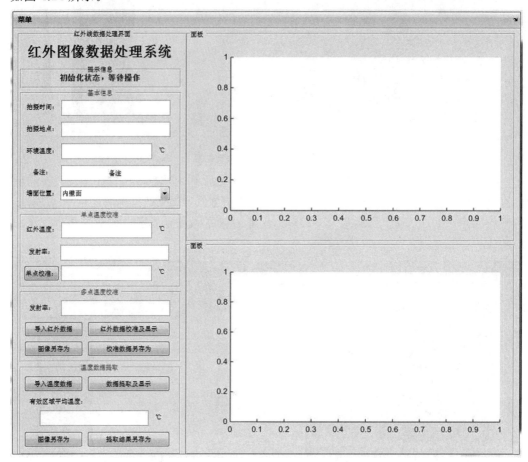

图 4.24　"红外图像数据处理系统"操作界面

2.红外图像数据处理界面功能介绍

（1）基本信息。

"基本信息"是拍摄红外照片时的基本信息,包括拍摄时间、拍摄地点、环境温度、备注、墙面位置等,前四项只需在后面对应的文本框中手动输入拍摄信息,"墙面位置"中下拉菜单可选"内壁面"和"外壁面"。

（2）单点温度校准。

"单点温度校准"功能界面中,在"红外温度"和"发射率"对应的文本框中输入各自数据信息,点击"单点校准","单点校准"后方的文本框将显示校准后的红外温度数据,同时在系统界面右侧上方图框面板将显示单点温度校准后的数据。

（3）多点温度校准。

"多点温度校准"功能界面中,在"发射率"对应的文本框中输入发射率数据,并点击"导入红外数据"导入包含温度数据的 Excel 文件后,系统界面右侧下方图框面板将显示出原始温度数据,该数据按照 Excel 数据列表情况显示,可以得出大致的温度分布规律。Excel 文件由红外热像仪自带的图像处理软件 FLIR QuickReport 导出并保存。在输入"发射率"并"导入红外数据"后,点击"红外数据校准及显示",系统界面右侧下方图框面板将显示出校准前后的红外温度对比数据。

（4）温度数据提取。

"温度数据提取"包括"导入温度数据""数据提取及显示""有效区域平均温度""图像另存为"和"提取结果另存为"等按钮。点击"导入温度数据"按钮后可弹出文件夹选项,可以选择已有的 Excel 数据,同时系统界面右侧上方图框面板将显示出 Excel 数据对应的红外图像。点击"数据提取及显示"按钮后,系统界面右侧下方图框面板将显示红外图像有效区域提取后的图像。

3.系统运行

"红外图像数据处理系统"选取实例进行操作,"多点温度校准"功能板块运行后的界面如图 4.25 所示,"温度数据提取"功能板块运行后的界面如图 4.26 所示。

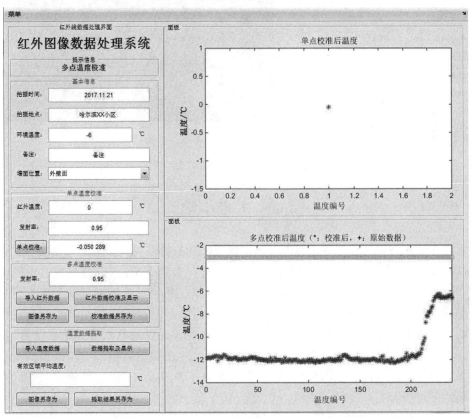

图 4.25　"多点温度校准"功能板块运行后的界面

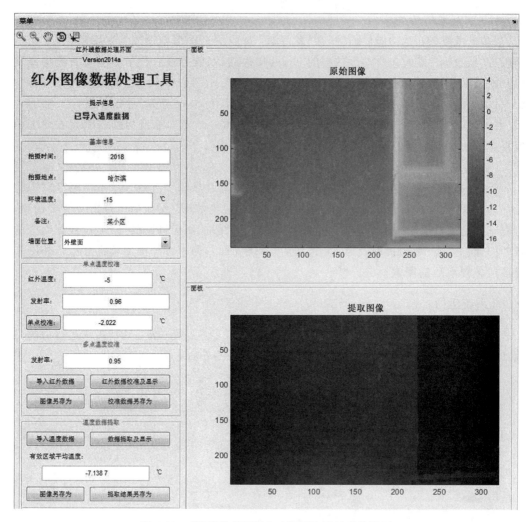

图 4.26　"温度数据提取"功能板块运行后的界面

4.4　本章小结

本章主要实现了外墙红外图像温度数据的校准和有效温度的提取。总结如下：

（1）本章建立了外墙红外测温数据的修正模型。实验表明，红外热像仪在不同温度时会产生不同程度的测温误差。在低温范围内，热像仪的测温数据明显低于热电偶的测温数据，温度越低差异越大，因此，红外热像仪的测温数据需要修正。本章以红外热像仪测得的温度数据和材料的发射率作为输入变量、热电偶测量的数据作为输出变量，选取RBF、BP 两种神经网络模型和 MNLR 法建立红外热像法测温数据的修正模型。三种方法误差对比结果表明：RBF 神经网络校准模型的修正精度最高，现场检验的两个测点的温度误差平均值为 0.1 ℃。

（2）编写了红外图像有效区域温度数据的提取代码，通过该程序可以得到排除异物的墙体有效区域的温度信息。采用两张红外图像对有效区域温度数据提取程序进行检验,检验误差平均值为 0.15 ℃。

（3）建立了红外图像数据处理的图形用户界面(GUI),通过界面操作,用户可直接进行红外图像温度数据的校准和有效区域温度数据的提取工作。

第 5 章　　外墙热阻机器学习辨识方法的建立

本章将通过对比分析确定外墙热阻辨识模型的输入变量参数,采用第 3 章中的数值实验数据作为训练样本,选取 BP 神经网络、RBF 神经网络、GRNN 神经网络和 PSO－SVM(基于粒子群参数优化的支持向量机算法)四种适用于非线性回归的方法分别建立建筑外墙热阻辨识模型。在模型建立过程中将首先考虑时间序列的长度对模型辨识结果的影响。模型建立后,分别比较各模型对样本集的预测能力和对测试集的泛化能力,作为判定四组模型辨识效果的依据。

5.1　　热阻辨识模型的建立

无论采用哪种方法建模,在建模过程中都要通过多次尝试获得最优模型参数,以便获得良好的训练速度和模型辨识精度。BP 神经网络和 RBF 神经网络的影响参数在 4.2 节中做过详细介绍,选取原则主要以经验值为基础,通过区间法和误差对比法相结合的自组织学习法,选择参数区间内训练误差最小的值作为优化参数,本节的参数选取思路与其大致相同,在此不做详细介绍。本节将重点介绍 GRNN 神经网络和 PSO－SVM 算法的原理和特性。

5.1.1　　建模方法选取

在特点上,外墙热阻辨识系统的模型与第 4 章中红外热像温度数据修正模型的区别在于本节的输入样本要考虑时间的影响。作为辨识模型的输出变量热阻,与其他参数之间是时变的、非线性的关系。机器学习技术已经被广泛用于预测、分类等,其中的 PSO－SVM 和人工神经网络方法对于解决高维问题具有非常显著的优势,能够很好地处理非线性特征的相互作用,无须依赖整个数据,泛化能力较强。

BP、RBF、GRNN 是目前公认的有效解决时变性非线性问题的人工神经网络,但各有优缺点。BP 网络是近似非线性函数常用的逼近方法,是目前国内外使用最广泛的网络模型,但网络训练时间长、收敛性能不稳定。RBF 网络克服了 BP 网络训练时间长的缺点,但网络确定较复杂。GRNN 网络结构简单,具有较强的全局收敛性。SVM 算法与人工神经网络方法相比,不易出现过拟合现象,但训练难度较大。GRNN 神经网络和 SVM 算法的优势和用法将在下文中详细介绍。总之,并非所有问题都适合用机器学习解决,也没有一种机器学习算法通用于所有问题,需要根据待解决问题的特性,不断尝试比较多种适合的方法,从中选出最佳方案。

本书中机器学习算法的实现平台为 MATLAB 软件。

5.1.2　输入变量确定

本书 2.2 节中已经介绍了求解导热反问题的理论基础,通过式(2.12)可知,当给定了必要的单值性条件,在时间序列、外墙内外平均温度等参数已知的情况下即可辨识得到外墙热阻值。但是室内平均温度和室外温度作为墙体传热的边界条件对热阻的辨识必定会有影响。本节将采用两种形式的输入变量分别建模,选取样本集中 800 组数据进行热阻辨识,对比辨识结果,检验边界条件对热阻辨识的影响程度。输入变量形式如下。

形式一:时间序列、墙体内壁面平均温度、墙体外壁面平均温度(表 5.1)。

形式二:时间序列、室内平均温度、室外温度、墙体内壁面平均温度、墙体外壁面平均温度(表 5.2)。

表 5.1　形式一的输入变量参数信息

时间序列	墙体内壁面平均温度 /℃	墙体外壁面平均温度 /℃
1 月 1 日 01:00	20.1	−18.5
1 月 1 日 02:00	20.1	−19.3
1 月 1 日 03:00	20.0	−19.8
...	...	...
1 月 1 日 10:00	20.0	−14.7
1 月 1 日 11:00	19.9	−13.7
1 月 1 日 12:00	19.9	−13.1

表 5.2　形式二的输入变量参数信息

时间序列	室内平均温度 /℃	室外温度 /℃	墙体内壁面平均温度 /℃	墙体外壁面平均温度 /℃
1 月 1 日 01:00	22.4	−22.3	20.1	−18.5
1 月 1 日 02:00	22.4	−22.9	20.1	−19.3
1 月 1 日 03:00	22.4	−23.6	20.0	−19.8
...	...	...	...	...
1 月 1 日 10:00	22.4	−18.5	20.0	−14.7
1 月 1 日 11:00	22.3	−17.2	19.9	−13.7
1 月 1 日 12:00	22.3	−16.1	19.9	−13.1

模型建模过程见下文。表 5.3 所示为采用不同形式的输入变量、不同模型进行建模(时间序列为 12 h,详见 5.2.1 节),对样本集数据的辨识对比结果。可以看出,四组模型在采用形式二的输入变量时的辨识结果均优于形式一,因此,加入边界条件作为输入变量参数能够使模型辨识结果更加准确。

表 5.3　不同形式的输入变量、不同模型的平均相对误差对比结果　　　　%

输入变量形式	模型类型			
	BP	RBF	GRNN	PSO－SVM
形式一	85.5	53.7	31.1	14.9
形式二	33.1	39.4	9.6	4.8

　　输入变量参数过多会增加非线性模型的维度，模型的大小也会以指数速度成倍增加，引起模型过参数化或性能恶化。各个输入变量之间也会相互影响，过多的输入变量会弱化某些输入变量的影响程度。综合考虑实际应用和模型辨识效率，将不再增加其他参数作为输入变量。

　　综上所述，辨识热阻模型的输入变量参数可以确定为时间序列 Time、室内平均温度 t_i、室外温度 t_e、墙体内壁面平均温度 θ_i、墙体外壁面平均温度 θ_e，输出变量为墙体的热阻值 R。输入变量和输出变量的矩阵表达式为

$$\boldsymbol{P} = \begin{bmatrix} P_1 \\ P_2 \\ P_3 \\ \vdots \\ P_n \end{bmatrix} \Rightarrow \begin{bmatrix} T_1 \\ T_2 \\ T_3 \\ \vdots \\ T_n \end{bmatrix} = \boldsymbol{T} \tag{5.1}$$

$$\boldsymbol{P}_n = \begin{bmatrix} \text{Time}_{(1)} & \text{Time}_{(2)} & \text{Time}_{(3)} & \cdots & \text{Time}_{(x)} \\ t_{i(1)} & t_{i(2)} & t_{i(3)} & \cdots & t_{i(x)} \\ t_{e(1)} & t_{e(2)} & t_{e(3)} & \cdots & t_{e(x)} \\ \theta_{i(1)} & \theta_{i(2)} & \theta_{i(3)} & \cdots & \theta_{i(x)} \\ \theta_{e(1)} & \theta_{e(2)} & \theta_{e(3)} & \cdots & \theta_{e(x)} \end{bmatrix} \tag{5.2}$$

式中　　x——时间序列的长度（检测周期），时间节点为小时（h），x 的确定将在 5.2.1 节中介绍，模型训练的样本数据全部来自 CFD 软件模拟。

　　为了确保机器学习模型建立所选用样本的完整性与可靠性，首先需要手动剔除信息无效的样本，保证输入网络的每组样本数据必须是完整有效的。经过筛查后共获得有效数据 309 600 组，在模型建立之前，需要对样本数据进行数值归一化处理。在模型建立过程中，总数据的 5% 作为检验样本不参加模型训练。每种模型在模型训练时选取的训练样本数量可能有所不同，但均不涉及这 5% 的检验样本数据。

5.1.3　基于 GRNN 的外墙热阻辨识模型的建立

1.GRNN 简介

　　GRNN(Generalized Regression Neural Network) 即广义回归神经网络，是径向基神经网络的一种变化形式，它由输入层、模式层、加和层和输出层组成，图 5.1 所示为 GRNN 四种神经网络结构示意图，这个结构与径向基神经网络非常相似，区别就在于多了一层加和层，而去掉了隐含层与输出层的权值连接。

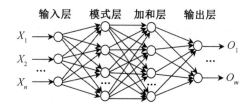

图 5.1　GRNN 神经网络结构示意图

GRNN 神经网络不同于径向基函数的对高斯权值的最小二乘法叠加,它是利用密度函数来预测输出的。假设 x、y 为两个随机变量,两个概率密度为 $f(x,y)$,则可以得到

$$X = F(y \cdot f(x_0,y))/F(f(x_0,y)) \tag{5.3}$$

X 即为 y 在 x_0 条件下的预测输出,x_0 为观测值,那么函数 $f(x,y)$ 就是未知的,通过 Parzen 非参数估计方法,选择窗口函数为高斯窗口,得到

$$y(x_0) = F(y \cdot \text{epd}(-d))/F(\text{epd}(-d)) \tag{5.4}$$

式中　　d —— 至中心的距离;

　　　　$\text{epd}(-d)$ —— 隐含层的输出。

GRNN 非线性映射能力强,网络结构灵活,模型稳健可靠,在求解非线性函数的逼近问题方面具有显著优势,且曲线拟合较自然。在 GRNN 网络创建时,样本数据需要一起输入,而不需要权值训练,因此,GRNN 在网络稳定性和运算时间方面具有显著优势。

2.GRNN 热阻辨识建模

由于 GRNN 不需要对传递函数和隐含层神经元数等对模型预测能力产生较大影响的网络结构参数进行人为确定,只需要确定参数扩展系数 Spread,并且 GRNN 网络的学习全部依赖数据样本,在训练过程中不需要调整神经元之间的连接权值,这决定了 GRNN 网络得以最大限度地避免人为主观假定对预测结果的影响。因此,GRNN 神经网络在构建中考虑的重要参数为 Spread。在本节网络训练过程中,Spread 对 GRNN 网络训练误差的影响如图 5.2 所示,Spread 取 0.003 时误差最小,随着取值加大误差也逐渐增大。

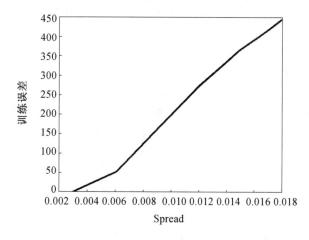

图 5.2　Spread 对 GRNN 网络训练误差的影响

　　GRNN 神经网络的构建过程中不存在自我检验过程,只有"学习"和"测试"过程,图5.3 所示为 GRNN 神经网络训练性能、测试性能以及总性能的回归分析图,训练性能、检验性能的 R 值分别为 0.966、0.941,理想回归线和最优回归线几乎完全重合,说明二者的拟合效果都较好,最终总体性能的 R 值达到了 0.949。

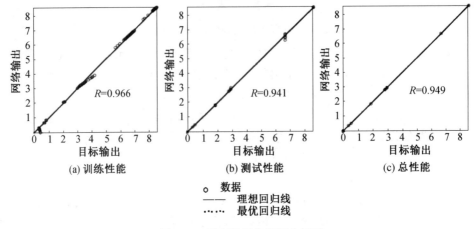

图 5.3　GRNN 网络回归分析图

5.1.4　基于 PSO－SVM 的外墙热阻辨识模型的建立

1.PSO－SVM 算法简介

（1）支持向量机。

　　支持向量机(Support Vector Machine,SVM)是基于统计学理论的人工学习方法。原始 SVM 算法最早于 1963 年被提出,1992 年,Boser 等人提出了一种通过将核技巧应用于最大间隔超平面来创建非线性分类器的方法。当前标准的前身(软间隔)由 Corinna Cortes 和 Vapnik 于 1993 年提出,并于 1995 年发表。SVM 最广泛地被应用于数据的分类,但它同样可以用来做回归,因此,SVM 的标准算法也被称为支持向量分类(Support Vector Classification,SVC),将 SVM 由分类问题推广至回归问题即支持向量回归(Support Vector Regression,SVR)。与分类的输出是有限个离散的值不同的是,回归模型的输出在一定范围内是连续的。

　　SVM 在建筑领域的研究大多集中在能耗的预测方面,在图像识别和风险预测方面也有少量研究。周峰等人针对大型公共建筑能耗特点,从历史能耗数据、气候因素、时间周期因素三个方面选取 11 个输入参数作为样本特征,构建基于 SVM 的大型公共建筑能耗预测模型,对建筑逐日能耗展开预测。通过 SVM 能耗预测值与实际值的对比,发现了空调系统运行中存在的不合理使用现象,为建筑节能管理运行提供参考。庞明月等人提出了预测建筑室内平均温度的 PSO－SVM 模型,该方法有利于保证用户热舒适性和节约能源。并且实验结果表明,经过粒子群优化的支持向量机预测模型的精度提高至 0.6%。王宁等人提出基于 SVM 回归组合模型的中长期降温负荷预测方法。其中,支持向量机模型以多种社会经济数据为输入参数,年最大降温负荷值为输出参数。在训练过程中采用网格搜索法对 SVM 模型参数进行优化,该方法的预测值与真实值的误差控制在 5% 以下,验证了该中长期降温负荷预测模型的有效性。Zhitong Ma 等人为了提高 SVM 在建筑能耗预测中的可靠性,提出了包括年平均室外干球温度、相对湿度、全球太阳辐射等气象数据和城市化率,国内生产总值,住房、住宅消费水平和建筑总面积等经济因素在内的多种参数作为输入变量。通过将统计局的统计数据与预测模型进行均方误差等统计误差检验,验证了该模型的性能,结果表明,SVM 方法能较好地估计建筑能耗,均方误差小于 1e－3,拟合系数大于 0.991。Turker 等人提出了一种基于 SVM 分类、Hough 变换和感知分组相结合的高分辨率光学星载图像中矩形和圆形建筑物自动提取方法,利用该方法可以从图像中检测建筑物的斑块。戴海等人通过 SVM 研究了土壤含水率和孔隙率与土壤导热系数的关系,该方法可以作为确定导热系数的一种新方法。

SVM 擅长解决复杂的、具有中小规模训练集的非线性问题,不容易产生过拟合现象。SVM 能对训练集之外的数据做很好的预测,泛化错误率低、计算开销小、结果易解释,但其对参数调节和核函数的参数过于敏感。核函数的主要作用是将数据从低位空间映射到高维空间。核函数可以很好地解决数据的非线性问题,而无须考虑映射过程。对于核的选择也是有技巧的。第一,如果样本数量小于特征数,没必要选择非线性核,使用线性核就可以;第二,如果样本数量大于特征数目,可以使用非线性核,将样本映射到更高维度,一般可以得到更好的结果;第三,如果样本数目和特征数目相等,该情况可以使用非线性核,原理和第二种一样。对于第一种情况,也可以先对数据进行降维,然后使用非线性核,这也是一种方法。

SVM 模型的建立过程中,惩罚参数 c 和核函数参数 g 的选取最为重要,惩罚参数 c 可以理解为对误差的宽容程度,c 越大,说明越不能容忍出现误差,c 过小,则容易出现欠拟合现象。核函数参数 g(gamma)隐含地决定了数据映射到新的特征空间后的分布情况,g 值越大,支持向量越少,g 值越小,支持向量越多,支持向量的个数影响训练与预测的速度。

Chapelle 等人首次提出了对 SVM 参数优化的思路,使用梯度下降算法证明了参数优化的可行性。之后,在传统优化方法基础上出现了多种新的智能优化方法,包括网格搜索算法、最小二乘法、小波算法、遗传算法及其他交叉优化方法,其中粒子群优化的有效性被得到广泛验证,本书将采用粒子群优化对参数 c、g 进行寻优。

(2)粒子群优化。

粒子群优化(Particle Swarm Optimization,PSO),也称鸟群觅食算法,基于对动物群活动行为的观察,PSO 算法利用群体中个体之间的信息共享,使整个群体的运动在问题求解空间中产生从无序到有序的演化过程,从而获得最优解,即从随机解出发,通过迭代寻找最优解,追随当前搜索到的最优值来寻找全局最优。用一种粒子来模拟上述的鸟类个体,每个粒子可视为 N 维搜索空间中的一个搜索个体,粒子的当前位置即为对应优化问题的一个候选解,粒子的飞行过程即为该个体的搜索过程。粒子的飞行速度可根据粒子历史最优位置和种群历史最优位置进行动态调整。粒子仅具有两个属性:速度和位置。速度代表移动的快慢,位置代表移动的方向。每个粒子单独搜寻的最优解称为个体极值,粒子群中最优的个体极值作为当前全局最优解。不断迭代,更新速度和位置,最终得到满足终止条件的最优解。

PSO算法的基本流程包括初始化、搜寻个体极值与全局最优解、更新速度和位置、得到终止条件几个步骤。和其他群智能算法一样,PSO算法在优化过程中,种群的多样性和算法的收敛速度之间始终存在着矛盾。对标准PSO算法的改进,无论是参数的选取、小生境技术的采用或是其他技术与PSO的融合,其目的都是希望在加强算法局部搜索能力的同时,保持种群的多样性,防止算法在快速收敛的同时出现早熟收敛。

PSO算法是一种并行算法,操作简单、容易实现、精度高、收敛快。具体优势包括:

① 它是一类不确定算法。不确定性体现了自然界生物的生物机制,并且在求解某些特定问题方面优于确定性算法。

② 它是一类概率型的全局优化算法。不确定算法的优点在于算法能有更多机会求解全局最优解。

③ 它不依赖于优化问题本身的严格数学性质。

④ 它是一种基于多个智能体的仿生优化算法。粒子群优化中的各个智能体之间通过相互协作来更好地适应环境,表现出与环境交互的能力。

⑤ 它具有本质并行性,包括内在并行性和内含并行性。

⑥ 它具有突出性。粒子群优化总目标的完成是在多个智能体个体行为的运动过程中突现出来的。

⑦ 它具有自组织和进化性以及记忆功能,所有粒子都保存优解的相关知识。

⑧ 它具有稳健性。稳健性是指在不同条件和环境下算法的实用性和有效性,但是现在粒子群优化的数学理论基础还不够牢固,算法的收敛性还需要讨论。PSO算法具有很大的发展价值和发展空间,能够用于多个领域并创造价值,在群智能算法中具有重要的地位,同时也能够在相关产业创造价值,发挥作用。

2.PSO－SVM 热阻辨识建模

外墙热阻辨识系统是一个典型的非线性回归建模问题,采用SVM算法辨识外墙热阻,其建模步骤如下:

(1)选取样本数据,确定自变量和因变量,并对数据进行归一化处理。

(2)选择合适的核函数。使用不同的核函数会对预测结果产生一定的影响,本书选择核函数为径向基函数,表示为

$$K(x, x_i) = \exp(-\text{gamma} \parallel x - x_i \parallel^2) \tag{5.5}$$

根据结构最优化原则,回归优化的目标表示为

$$\min^\alpha \frac{1}{2} \sum_{i=1}^{j} \sum_{j=1}^{l} y_i y_j \alpha_i \alpha_j \exp(-\text{gamma} \parallel x_i - x_j \parallel^2) - \sum_{j=1}^{l} \alpha_j \tag{5.6}$$

约束条件为

$$\sum_{i=1}^{l} y_i \alpha_i = 0, \quad 0 \leqslant \alpha_i \leqslant c, \quad i = 1, 2, \cdots, l \tag{5.7}$$

经过计算得到最优解:$\alpha^* = (\alpha_1^*, \alpha_2^*, \cdots, \alpha_l^*)^\mathrm{T}$。

(3)采用粒子群优化调整优化参数 c、g。这是直接影响预测结果准确性的最关键

步骤。

　　首先以经验为基础确定其大致范围,给定 c 和 g 的搜索范围均为 $2^{-5} \sim 2^5$,图 5.4 所示为参数寻优的过程图,纵坐标为均方误差(MSE)。通过粒子群优化得到最优惩罚参数 $c = 5.278$,最优径向基核函数参数 $g = 0.003\ 9$。

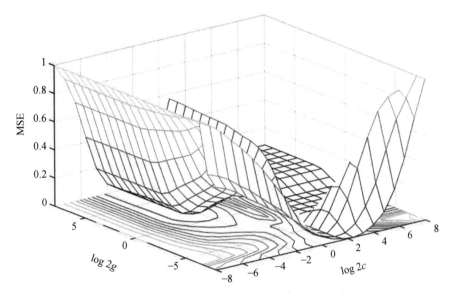

图 5.4　PSO － SVM 参数寻优过程图

　　(4)用得到的最佳参数 c、g 对整个训练样本进行训练,得到 SVM 模型、输出结果、检测模型。

　　确定最佳 c 和 g 之后,根据式(5.6)、式(5.7)中的最优化约束,求解出对偶问题并计算最优解 α^*。将最优解 α^* 代入式(5.8),计算阈值。

$$b^* = y_i - \sum_{i=1}^{l} y_i \alpha_i^* K(x_i - x_j) \exp(- \text{gamma} \parallel x_i - x_j \parallel^2) \tag{5.8}$$

本书得到的阈值为 $b^* = -0.528\ 1$。

　　最后,将计算得到的 α^*、b^*、g,选择的核函数代入决策函数得到

$$f(x) = \text{sgn}\Big(\sum_{i=1}^{l} \omega_i \exp(g \parallel x_i - x \parallel^2) + b^*\Big) \tag{5.9}$$

式中　　x——待预测样本,决策函数用来对样本数据检验,并测试其泛化能力。PSO － SVM 模型的检验结果将在下节中详细介绍。

3.粒子群优化对 SVM 热阻辨识模型的优化结果

　　本节采用支持向量机(SVM)算法和基于粒子群参数优化的支持向量机算法(PSO － SVM)分别建模,选取样本集中 800 组数据进行热阻辨识,并通过平均相对误差、均方根误差、拟合系数三种统计方法详细介绍粒子群优化对 SVM 热阻辨识模型的优化效果。

（1）平均相对误差（MAE）：

$$\text{MAE} = \frac{1}{n} \sum_{i=1}^{n} |y - y_i| \tag{5.10}$$

（2）均方根误差（RMSE）：

均方根误差是衡量观测值与真实值之间偏差的一种标准，其值越小越好，用公式表示为

$$\text{RMSE} = \sqrt{\frac{1 \times \sum_{i=1}^{n} (y - y_i)^2}{n}} \tag{5.11}$$

（3）拟合系数（R^2）：

拟合系数是表征回归方程在多大程度上解释了因变量的变化，或者说方程对观测值的拟合程度如何，其值越接近于 1 越好，用公式表示为

$$R^2 = \frac{\left(n \sum y_i \times y - \sum y_i \sum y\right)^2}{\left(n \sum y_i^2 - \left(\sum y_i\right)^2\right)\left(n \sum y^2 - \left(\sum y\right)^2\right)} \tag{5.12}$$

式中 y_i——预测值；

      y——实际值。

未经优化的 SVM 模型和 PSO−SVM 模型的热阻辨识对比结果如表 5.4 所示。可以看出，采用粒子群优化算法进行支持向量机参数优化后的热阻辨识误差值更小，相关度更高，验证了粒子群优化在支持向量机参数优化方面的优势。

表 5.4　SVM 模型和 PSO−SVM 模型的热阻辨识对比结果

模型类型	MAE	RMSE	R^2
SVM	11.7	0.734	0.910
PSO−SVM	4.8	0.441	0.968

5.2　模型对比分析

本节将首先考虑时间序列的长度对模型辨识结果的影响，然后，在确定最合适的时间序列基础上详细对比各种模型的辨识结果。

5.2.1　时间序列的影响

参考传统检测方法中的测试时间及本书检测系统的实用性，本节选取了检测周期 $x = 96$、48、24、18、12、6 h 共六种情况测试方案，分别作为模型输入数据的连续时间数量，进行模型训练和检验，以确定最佳检测周期，每个周期内数据时间间隔均为 1 h。表 5.5 和表 5.6 所示为 $x = 96$ h 和 $x = 6$ h 时间序列时的某墙体模型输入变量参数信息。

表 5.5　$x = 96$ h 时间序列时的输入变量参数信息

时间序列	室内平均温度 /℃	室外温度 /℃	墙体内壁面平均温度 /℃	墙体外壁面平均温度 /℃
1 月 1 日 01:00	22.4	−22.3	20.1	−18.5
1 月 1 日 03:00	22.4	−22.9	20.1	−19.3
1 月 1 日 03:00	22.4	−23.6	20.0	−19.8
...	...	...	...	...
1 月 4 日 22:00	22.3	−17.5	19.9	−14.6
1 月 4 日 23:00	22.3	−17.8	19.9	−14.8
1 月 4 日 24:00	22.3	−18.1	19.9	−15.3

表 5.6　$x = 6$ h 时间序列时的输入变量参数信息

时间序列	室内平均温度 /℃	室外温度 /℃	墙体内壁面平均温度 /℃	墙体外壁面平均温度 /℃
1 月 1 日 01:00	22.4	−22.3	20.1	−18.5
1 月 1 日 02:00	22.4	−22.9	20.1	−19.3
1 月 1 日 03:00	22.4	−23.6	20.0	−19.8
1 月 1 日 04:00	22.4	−24.1	20.0	−20.2
1 月 1 日 05:00	22.4	−24.5	20.0	−20.5
1 月 1 日 06:00	22.4	−24.7	20.0	−20.1

　　将全部数据用于机器学习模型训练,随机抽取 800 组样本数据用于检验训练样本内系统预测的准确性,分析时间序列的选取对辨识结果的影响。由于各种材料热阻值基数不同、差异较大,将比较检验结果的相对误差。

　　表 5.7 所示为四种建模方法分别选取六种时间序列预测的平均相对误差的对比结果,GRNN 神经网络和 PSO−SVM 在同等时间序列时准确度均明显高于 BP 和 RBF 两种网络。BP 神经网络和 RBF 神经网络时间序列均为 96 h 的网络检验结果最好,6 h 的误差最大,且呈现出了时间序列时间越短、误差越大的趋势。两种网络相对误差的波动偏差分别为 43.6%、21.1%,说明不同长度的时间序列对 BP 神经网络的预测能力影响较大。

表 5.7　不同时间序列不同模型的平均相对误差对比

模型类型	96 h	48 h	24 h	18 h	12 h	6 h
BP/%	14.7	17.7	31.1	31.9	33.1	58.3
RBF/%	25.4	30.1	36.5	39.2	39.4	46.5
GRNN/%	8.4	8.1	7.1	10.5	9.6	10.3
PSO−SVM/%	4.4	5.0	5.6	5.1	4.8	6.3

GRNN 神经网络和 PSO－SVM 的平均相对误差并没有随时间序列的加长而降低。对于 GRNN 神经网络,当时间序列选取 24 h 时误差最小,为 7.1％;选取 18 h 时误差最大,为 10.5％。对于 PSO－SVM,当时间序列选取 96 h 时误差最小,为 4.4％;选取 6 h 时误差最大,为 6.3％。另外,GRNN 神经网络和 SVM 的平均相对误差结果波动范围明显小于 BP 和 RBF 神经网络。综上所述,时间序列的选取对 GRNN 神经网络和 PSO－SVM 模型辨识的准确性影响不大。

考虑到训练时间会随着时间序列数量的增加而加长,样本数量的输入量也会随之增多。因此,综合考虑后确定 12 h 为最佳检测周期,同时选择 PSO－SVM 模型为热阻辨识的最佳方案。

5.2.2 模型辨识结果对比分析

当时间序列(检测周期)确定为 12 h 后,分别对样本集的预测能力和测试集的泛化能力进行详细介绍,作为判定四组模型辨识效果的依据。

1.样本集辨识检验

模型建立之后随机抽取训练样本数据中的 800 组数据输入到模型中,得到的预测结果如图 5.5 所示。图中的原始数据与预测数据复合度越高、区分越模糊,说明预测模型的效果越好。从四组对比图中可以明显看出,GRNN 神经网络和 PSO－SVM 模型的复合度最好,BP 和 RBF 神经网络区分度明显,GRNN 神经网络的预测结果比 PSO－SVM 模型更分散。BP 神经网络、RBF 神经网络、GRNN 神经网络和 PSO－SVM 模型预测结果的平均相对误差分别为 33.1％、39.4％、9.6％、4.8％,因此可以认为,PSO－SVM 模型对样本集的辨识准确率最高。

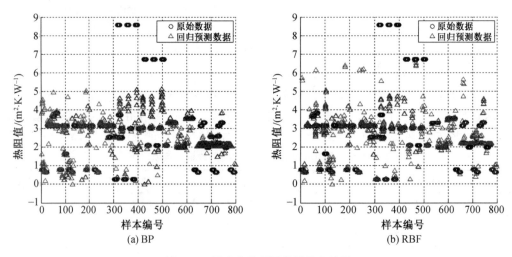

(a) BP   (b) RBF

图 5.5　样本集的预测结果复合情况

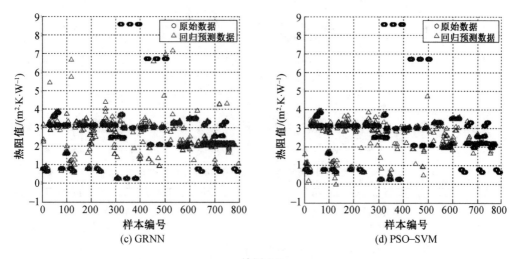

(c) GRNN　　　　　　　　　(d) PSO–SVM

续图 5.5

　　另外,从图中可以直观地看出,四组模型对原始热阻数值较大的样本数据,辨识性能均较差。

2.测试集辨识检验

　　采用200组测试样本数据输入模型中,测得的样本辨识结果如图5.6所示。与样本集的预测结果相似,GRNN神经网络和PSO—SVM模型的复合度明显优于BP和RBF神经网络。

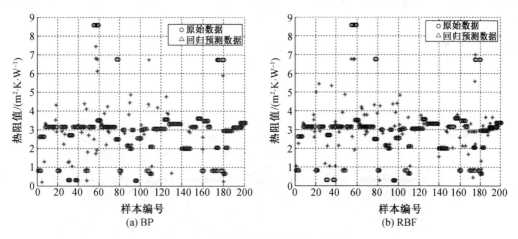

(a) BP　　　　　　　　　(b) RBF

图 5.6　测试集的预测结果复合情况

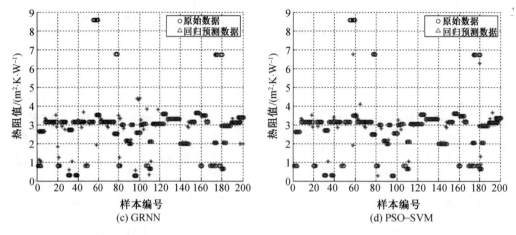

(c) GRNN   (d) PSO–SVM

续图 5.6

　　图 5.7 所示为四组模型对测试样本预测结果的相对误差,可以看出,PSO－SVM 模型的相对误差基本上维持在 0 的附近,RBF 神经网络的相对误差值波动最大。BP 神经网络、RBF 神经网络、GRNN 神经网络和 PSO－SVM 模型预测结果的平均相对误差分别为 37.0%、50.6%、9.8%、5.3%,PSO－SVM 模型对样本集的预测能力最高。与样本集预测结果相比,四组模型对测试样本的泛化能力较样本集预测能力均有不同程度的降低,GRNN 神经网络降低程度最小,RBF 神经网络降低程度最大。

　　另外,BP 神经网络、RBF 神经网络、GRNN 神经网络三组模型得到的预测结果正向偏差均较大,说明其大多数预测结果要大于理论值。

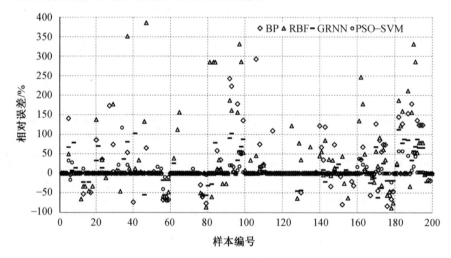

图 5.7　四组模型对测试样本预测结果的相对误差

　　表 5.8 所示为四组模型对测试样本预测的均方根误差和拟合系数,PSO－SVM 模型的均方根误差最小,其拟合系数也最接近于 1。结合平均相对误差,PSO－SVM 模型对样本集数据和检验数据的预测结果要明显优于其他三种方法,最终,PSO－SVM 模型测试样本预测的准确率为 94.7%。因此,将选用 PSO－SVM 模型作为最优方法,建立外墙热

阻值辨识系统。

表 5.8　四组模型对测试样本预测的均方根误差和拟合系数

模型	均方根误差	拟合系数
BP	3.691	0.647
RBF	4.544	0.675
GRNN	0.904	0.902
PSO−SVM	0.528	0.943

结合测试样本的原始数据可知,误差较大的样本集中在热阻值偏大(例如 EPS 板墙体 $R=8.570$ m^2·K/W,2E+1P 墙体 $R=6.714$ m^2·K/W 和偏小($R=0.270$ m^2·K/W)的样本数据中,其原因是这部分样本数据在训练样本中所占比例相对较小,其次,热阻值偏小的样本数据,其基数作为分母后得到的相对误差就会更大。总体来说,对于大部分热阻值较大的样本数据,其预测值小于理论值;对于大部分热阻值较小的样本数据,其预测值大于理论值。说明四组模型的预测结果均呈现出向中心值聚合的趋势。

5.2.3　热阻辨识模型抗噪性检验

在实际测试过程中,设备自身、人为操作以及自然条件等因素会对测试结果造成一定程度的影响,引起"噪声",产生误差。而本章研究的训练数据由数值实验得到,数值模拟在理想状态下实现,噪声产生的概率几乎为零,模拟结果同实际情况有差异。因此,将抽取 200 组随机样本数据对其进行加噪处理使之成为假想的实际数据,以检验辨识方法的抗噪性。加入的噪声一般分为高斯白噪声、掩模噪声、脉冲噪声三种。其中高斯白噪声是一种具有正态分布(也称为高斯分布)概率密度函数的噪声,可以随着时间产生随机变量,适合处理时间序列的数据。高斯白噪声多被用于通信系统的理论分析和计算系统抗噪性能研究中,因此本节采用高斯白噪声对检验数据进行处理。图 5.8、5.9 所示为其中两组样本数据和加入方差为 0.5 的高斯白噪声后的对比图。

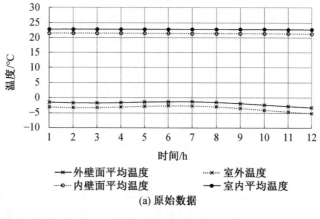

(a) 原始数据

图 5.8　加噪前后对比图(组 1)

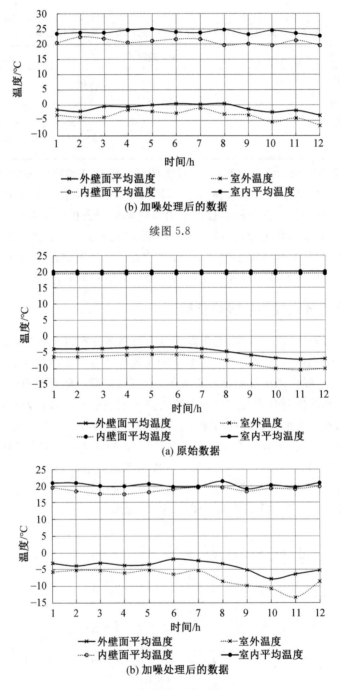

(b) 加噪处理后的数据

续图 5.8

(a) 原始数据

(b) 加噪处理后的数据

图 5.9　加噪前后对比图(组 2)

　　将随机抽取的 200 组原始数据和加入高斯白噪声处理后的数据分别输入到 PSO-SVM 模型进行辨识,辨识结果相对误差如图 5.10 所示,检验的相对误差平均值分别为 4.3%、6.1%,说明加入高斯白噪声后的辨识准确度较原始数据略有降低,但结果仍在合理范围内,因此 PSO-SVM 模型的抗噪性检验结果较好,可用于热阻系统的辨识。

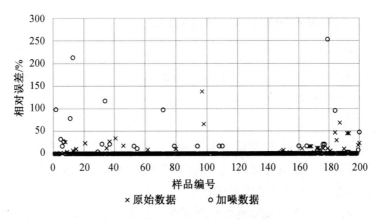

图 5.10　SVM 模型抗噪性检验

5.3　热阻辨识系统软件界面设计

5.3.1　热阻辨识系统软件界面简介

本系统开发工具为 MATLAB R2014b,系统界面题目名称为"建筑围护结构传热系数现场检测系统",界面功能包括四个板块,分别为"基本信息录入""测试信息""检测结果"及"图像显示","检测结果"和"图像显示"的输出结果均依托于"测试信息"。外墙辨识系统界面如图 5.11 所示。

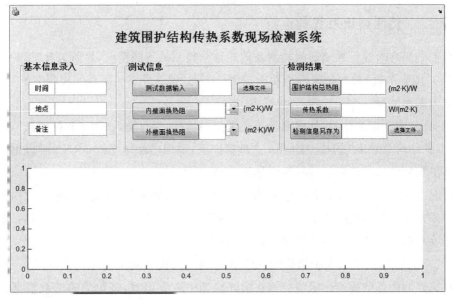

图 5.11　外墙辨识系统界面

5.3.2　热阻辨识系统软件界面功能介绍

（1）基本信息录入。

"基本信息录入"功能界面记录用户检测时的基本信息，包括时间、地点、备注等，需要用户在后面对应的文本框中手动输入检测信息。

（2）测试信息。

"测试信息"功能界面包含"测试数据输入""内壁面换热阻""外壁面换热阻"三项，其中点击"测试数据输入"后面对应的"选择文件"按钮可以从可选文件夹中选择相应的 Excel 文件，文件包含输入参数的数据信息。

"内壁面换热阻"和"外壁面换热阻"的选值可从各自对应的下拉菜单中选择，也可以在文本框中输入其他值。

（3）检测结果。

"检测结果"功能界面包含"围护结构总热阻""传热系数""检测信息另存为"三项，前两项在"测试信息"功能界面中输入信息时将自动出现计算结果，"检测信息另存为"可以点击对应的"选择文件"按钮选择可选文件夹，将整个系统界面计算结果保存成.JPG 格式。

（4）图像显示。

"图像显示"功能界面是将"测试信息"中"测试数据输入"后的信息（Excel 文件）显示出来。

5.3.3　热阻辨识系统的运行

考虑到用户对建筑外墙热阻检测及传热系数检测的不同需要，界面包含"围护结构总热阻"和"传热系数"检测结果两个功能按钮。因此"建筑外墙热阻现场检测系统"的检测功能分为两种情况：

情况一：内壁面换热阻、外壁面换热阻未知的情况，即仅输入"测试数据输入"，只可以得到"围护结构总热阻"的检测结果。这种情况下，调用已经建立的 GRNN 神经网络代码可以算出围护结构总热阻。运行界面如图 5.12 所示。

情况二：内壁面换热阻、外壁面换热阻已知的情况，即输入"测试数据输入""内壁面换热阻""外壁面换热阻"后，可以得到"传热系数"的检测结果。这种情况下，传热系数等于建筑外墙总热阻与内外壁面换热阻之和的倒数，即

传热系数 ＝1/（围护结构的总热阻 ＋ 内壁面换热阻 ＋ 外壁面换热阻）

建筑外墙内外壁面换热阻的检测在实际操作中较为困难，理论值的选取根据不同地区、不同规范也有所不同，因此本书系统检测界面中提供了"内外壁面换热阻"取值的下拉菜单，可以通过手动输入取值，也可以在下拉菜单中选取所需数值。例如在一般情况下，根据《民用建筑热工设计规范》，建筑外墙（冬季状况）的内壁面换热阻可取 $R_\mathrm{i}=$

0.11 m² · K/W,外壁面换热阻可取 R_e＝0.04 m² · K/W。

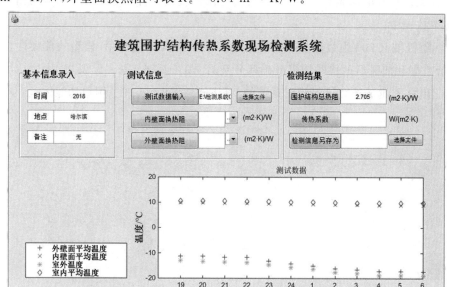

图 5.12　内外壁面换热阻未知情况下的系统运行界面

5.4　本章小结

本章主要介绍了基于机器学习算法的外墙热阻辨识方法的建立过程,总结如下:

(1)将数值实验模拟数据作为训练样本,选取 BP 神经网络、RBF 神经网络、GRNN 神经网络和 PSO－SVM 算法四种适用于非线性回归的机器学习算法分别建立建筑外墙热阻辨识模型,经过对比分析确定输入变量为时间序列、室内平均温度、室外温度和墙体内外壁面平均温度,输出变量为各种物理模型的热阻值。

(2)在模型训练的同时考虑时间序列的总长度对模型辨识结果的影响。误差对比结果表明,时间序列的长度对 GRNN 神经网络和 PSO－SVM 模型辨识的准确性影响不大,综合考虑选取 12 h 为最佳时间序列。

(3)当时间序列确定为 12 h 时,分别对四组模型样本集的预测能力和测试集的泛化能力进行检验。结果表明,BP 神经网络、RBF 神经网络、GRNN 神经网络和 PSO－SVM 模型对样本预测结果的平均相对误差分别为 33.1%、39.4%、9.6%、4.8%,对测试集检验结果的平均相对误差为 37.0%、50.6%、9.8%、5.3%。与样本集预测结果相比,四组模型对测试样本的泛化能力较样本集预测能力均有不同程度的降低。

综合比较四组模型对测试集检验结果的平均相对误差、均方根误差和拟合系数,PSO－SVM 模型的泛化能力要明显优于其他三种方法,PSO－SVM 模型测试样本预测的准确率为 94.7%,因此选用 PSO－SVM 模型作为最优方法,建立外墙热阻值辨识系统。结合测试样本的原始数据可知,四组模型误差较大的样本均集中在热阻值偏大和偏小的样本数据中。

(4)随机抽取 200 组数据加入高斯白噪声以检验 PSO－SVM 模型的抗噪性,结果表明,原始数据和加噪后的检验结果准确率分别为 4.3％ 和 6.1％。

(5)建立了建筑外墙热阻辨识系统的 GUI 软件界面,实现了用户功能体验。

第6章　外墙热阻辨识方法验证

本章将采用实验的方法对 PSO−SVM 建筑外墙热阻辨识模型的可行性进行验证,包括实验室测试和实地实测两部分。在测试过程中均采用红外热像仪获得目标墙体的内外壁面平均温度,利用第 4 章中的红外图像温度数据处理方法对所拍摄的红外图像温度数据进行修正和提取,同时采用传统热流计法和 PSO−SVM 辨识方法检测墙体的热阻值,以此验证本书建筑外墙热阻现场检测方法的准确性。

6.1　实验室测实验证

本节通过实验模拟严寒地区的室内外环境,利用传统热流计法和 PSO−SVM 辨识方法分别获取墙体试件的热阻,并将检测结果与理论值进行对比,比较 PSO−SVM 外墙热阻辨识方法的检测效果。

6.1.1　检测方案

实验室验证实验测试地点为哈尔滨工业大学寒地城乡人居环境科学与技术工业和信息化部重点实验室,实验设备为寒地建筑环境模拟舱、BES−AB 分布式传热系数检测仪、FLIR B425 和 FLIR T1050sc 两台红外热像仪。设备的基本参数如表 6.1 所示。本节依靠寒地建筑环境模拟舱模拟室内外温度变化并获取冷热室内平均温度数据,利用热像仪获取墙体壁面平均温度,BES−AB 分布式传热系数检测仪用来测试墙体热阻,CD−DR6060 导热系数测定仪用来检测材料的导热系数。

表 6.1　设备基本参数

设备	FLIR B425 红外热像仪	FLIR T1050sc 红外热像仪	寒地建筑环境模拟舱	BES−AB 分布式传热系数检测仪	导热系数测定仪
温度范围	−20 ~ 120 ℃	−40 ~ 150 ℃	−40 ~ 40 ℃	−40 ~ 100 ℃	—
精度	±2 ℃ 或 ±2%	±1 ℃ 或 ±1%	±0.1 ℃	±0.2 ℃	±1%

寒地建筑环境模拟舱的舱体分为冷热两室,两室净尺寸均为 4.2 m × 3.1 m × 4.2 m(宽×高×深),两室连接处可开启,方便试件的安装和拆卸。环境舱配置了自动控制系统和软件操作平台,可按需求设置或调整舱体内的温度、湿度和风速。环境舱室内空间、试件壁面均有热电偶式温度传感器。图 6.1 所示为寒地建筑环境模拟舱实物照片及系统组成。

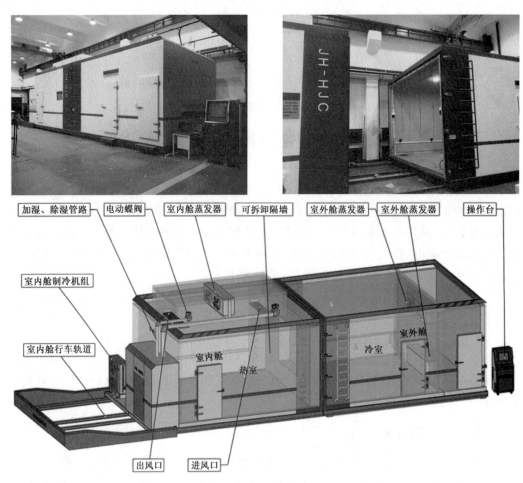

图 6.1　寒地建筑环境模拟舱实物照片及系统组成

　　寒地建筑环境模拟舱配有电脑操作台、摄像录像系统及网络控制云端(图 6.2),方便操控舱体内环境变化,可保存数据,并输出测试报告。

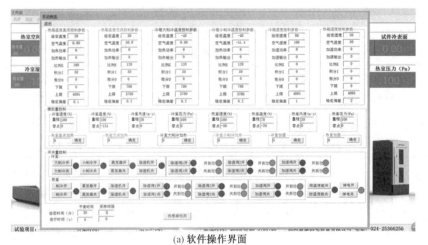

(a) 软件操作界面

图 6.2　软件操作界面

(b) 网络控制云端

续图 6.2

BES－AB分布式传热系数检测仪可检测墙体热流密度及壁面平均温度,采用分布式结构,具有自动保存数据功能,无须墙体穿线,仪器图片如图 6.3 所示。根据检测仪的使用说明书,所有探头部分用绝缘胶带粘贴于相应的测试壁面。

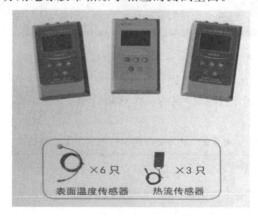

图 6.3　BES－AB分布式传热系数检测仪

6.1.2　检测数据

(1) 实验 1。

实验对象为 4 200 mm 宽 × 3 100 mm 高的实墙墙体,主要材料为 200 mm 厚陶粒混凝土和 100 mm 厚XPS板。试件尺寸及构造示意图如图 6.4 所示。实验测试照片如图 6.5 所示。

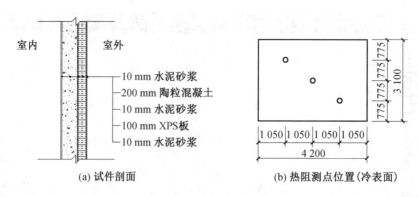

(a) 试件剖面　　　　　　　　(b) 热阻测点位置(冷表面)

图 6.4　　试件尺寸及构造示意图(单位:mm)

图 6.5　　实验测试照片

试件墙体的构造形式及基本参数如表 6.2 所示,材料的导热系数通过 CD－DR6060 导热系数测定仪测得。理论计算得到的试件热阻值为 3.820 m² · K/W,试件壁面发射率 ε＝0.94。

表 6.2　　试件墙体的构造形式及基本参数

材料	导热系数 /(W · m⁻¹ · K⁻¹)	厚度 /mm
陶粒混凝土	0.44	200
XPS 板	0.03	100
水泥砂浆	0.93	10×3

红外热像仪测试时间为 2019 年 1 月 15 日 9 时至 20 时,连续测试 12 h。在测试之前寒地建筑环境模拟舱已运行 48 h,使冷室和热室分别达到 －18 ℃ 和 18 ℃ 的相对稳定状态。测试期间,冷室的温度根据哈尔滨 2019 年 1 月 13 日 9 时至 20 时的室外实测数据运行,最低温为 －27 ℃,最高温为 －17.1 ℃,热室设定为 18 ℃。寒地建筑环境模拟舱记录的温度变化情况如图 6.6 所示。红外热像仪测试完成后环境模拟舱按照热室内平均温度 18 ℃、冷室内平均温度 －27 ℃ 的工况继续运行至 96 h,保证 BES－AB 分布式传热系数检测仪测试结果的准确性。

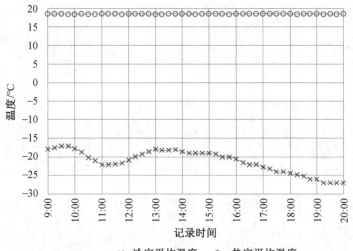

图 6.6　寒地建筑环境模拟舱记录的温度变化数据

　　两台红外热像仪分别放置于冷室和热室,镜头垂直于被测墙体,距离试件壁面距离为 3 m。图 6.7 和图 6.8 所示分别为红外热像仪拍摄得到的试件冷、热壁面红外热像图。

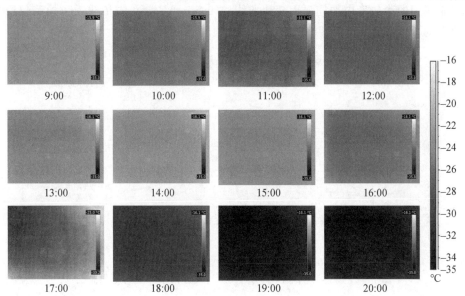

图 6.7　试件冷壁面红外热像图

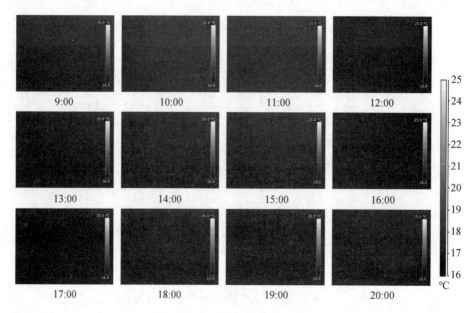

图 6.8　　试件热壁面红外热像图

　　图 6.9 所示为红外热像仪拍摄并校准后的墙体冷热壁面平均温度,以及寒地建筑环境模拟舱测得的冷热室内平均温度变化曲线。BES－AB 分布式传热系数检测仪测得的试件热阻为 3.960 m² · K/W。

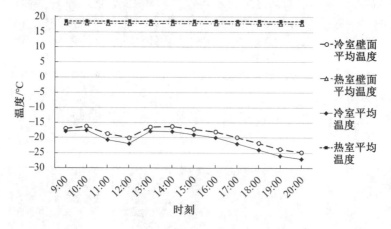

图 6.9　　墙体冷热壁面平均温度及冷热室内平均温度变化曲线

　　(2)实验 2。

　　实验对象为 4 200 mm 宽×3 100 mm 高的实墙墙体,主要材料为 126 mm 厚交错层积木材(CLT)和 100 mm 厚 EPS板。试件尺寸及构造示意图如图6.10所示。实验现场照片如图 6.11 所示。

　　试件墙体的构造形式及基本参数如表 6.3 所示,材料的导热系数通过 CD－DR6060 导热系数测定仪测得。理论计算得到的试件热阻值为 4.149 m² · K/W,试件壁面发射率 ε ＝0.94。

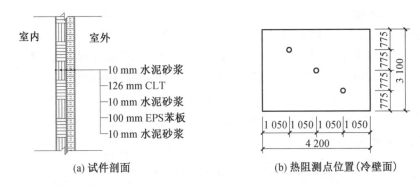

(a) 试件剖面　　　　　　　　(b) 热阻测点位置(冷壁面)

图 6.10　试件尺寸及构造示意图

图 6.11　实验现场照片

表 6.3　试件墙体的构造形式及基本参数

材料	导热系数 /(W·m^{-1}·K^{-1})	厚度 /mm
CLT	0.13	126
EPS 板	0.035	100
水泥砂浆	0.93	10×3

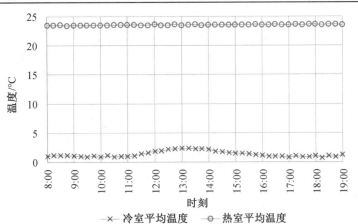

图 6.12　寒地建筑环境模拟舱记录的温度变化情况

　　红外热像仪测试时间为2019年11月8日8时至19时,连续测试12 h。在测试之前寒地建筑环境模拟舱已运行48 h,使冷室和热室分别达到0 ℃和24 ℃的相对稳定状态。测试期间,冷室的温度根据哈尔滨2019年11月6日室外10时至21时的实测数据运行,最低温为0.74 ℃,最高温为2.35 ℃,热室设定为24 ℃。寒地建筑环境模拟舱记录的温度变化情况如图6.12所示。红外热像仪测试完成后寒地建筑环境模拟舱按照热室内平均温度24 ℃、冷室内平均温度0 ℃的工况继续运行至96 h,保证BES－AB分布式传热系数检测仪测试结果的准确性。

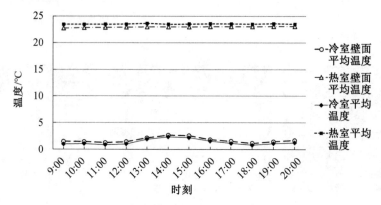

图 6.13　　墙体冷热壁面平均温度及冷热室内平均温度变化曲线

　　图6.13所示为红外热像仪拍摄并校准后的墙体冷热壁面平均温度,以及寒地建筑环境模拟舱测得的冷热室内平均温度变化曲线。BES－AB分布式传热系数检测仪测得的试件热阻为4.066 m² · K/W。

6.1.3　检测结果与分析

　　将两组实验室测试得到的温度数据及时间数据分别作为输入变量输入PSO－SVM热阻辨识方法中进行检验,其中实验1的检测界面如图6.14所示。两组实验的检验结果

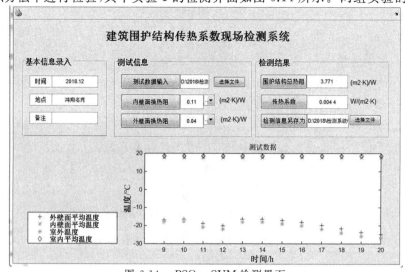

图 6.14　　PSO－SVM检测界面

如表 6.4 所示,两组实验通过 PSO－SVM 辨识得到的墙体热阻值与理论值的相对误差平均值为 2.6%,与传热系数检测仪对比的相对误差平均值为 3.5%。

表 6.4　实验室测试结果

	$R-$ 理论值 /(m² · K · W⁻¹)	$R-$ BES－AB /(m² · K · W⁻¹)	$R-$ PSO－SVM /(m² · K · W⁻¹)
实验 1	3.820	3.960 (与理论值偏差 3.7%)	3.711 (与理论值偏差 1.2%,与传热系数检测仪检测值偏差 4.8%)
实验 2	4.149	4.066 (与理论值偏差 2.0%)	3.982 (与理论值偏差 4%,与传热系数检测仪检测值偏差 2.1%)

围护结构的材料参数在使用过程中必然会发生变化,任何施工工艺也无法保证材料参数与设计参数完全相同,因此,热阻实测值与理论值存在差异不可避免。并且,根据已有研究,多数情况下的墙体热阻检测值低于理论值,因此,热阻辨识方法检测结果较为合理。

除此之外,造成 PSO－SVM 热阻辨识方法与传统热流计法检测误差的其他原因将在 6.2.3 节中一同进行讨论。

6.2　现场测实验证

本节将通过传统热流计法和 PSO－SVM 辨识方法分别获取墙体试件的热阻。为了给层出不穷的新型检测技术和方法提供应用的平台,《居住建筑节能检测标准》(JGJ/T 132—2009)做出了"宜采用热流计法"作为检验标准的规定。因此,在现场实测外墙热阻理论值未知的情况下,本书将热流计法检测结果作为 PSO－SVM 辨识方法检测方法准确性的判断标准或依据。

6.2.1　检测方案

现场测试的验证实验共有五组,地点均为寒区城市,其中三组为哈尔滨民用建筑外墙,两组为烟台民用建筑外墙,测试时间均为冬季。测试地点分别为哈尔滨市盛世香湾小区、哈尔滨市中植方洲苑住宅小区、哈尔滨市鸿翔名苑住宅小区、烟台市福山区永福园小区、烟台市开发区中建瀛园住宅小区。

在五组现场检测实验中,同时采用基于红外热像的外墙热阻辨识方法和热流计法检测墙体热阻,墙体热阻值为不包含窗户部分的单纯墙体部分热阻值,最后比较两种方法的测试误差,检验外墙热阻辨识方法的可行性。

验证实验用到的仪器包括两台红外热像仪,型号分别为 FLIR B425 和 FLIR T400,BSIDE BTH01 高精度温湿度测试仪,BES－AB 分布式传热系数检测仪,其中 BSIDE BTH01 高精度温湿度测试仪的基本参数如表 6.5 所示。

表 6.5　仪器基本参数　　　　　　　　　　　　　　　　℃

仪器	BSIDE BTH01 高精度温湿度测试仪
温度范围	$-35 \sim 80$
精度	± 0.3

当使用传热系数检测仪进行热阻检测时,建筑外墙外壁面应避免雨雪淋湿或阳光直射,测试端应远离加热或制冷设备以及严重的墙体缺陷部位,并均匀地分布于检测部位的中心,将几个测点的测试结果进行加权平均,即为被测墙体的热阻值。

传热系数检测仪热流片测试端安装在被测围护结构的内壁面,并用导热硅脂进行粘贴,用绝缘胶带纸固定,防止热流片和墙体间有空隙或脱落,以确保接触良好、测量准确。温度传感器在墙体内外两侧壁面安装,并与热流计位置对应。在采用红外热像法检测墙体热阻时,墙体壁面平均温度将除去门窗部分。测试期间保证测试房间封闭,禁止开关门窗。

由于本书在红外热像数据处理部分中忽略了风速、湿度、太阳辐射等因素的影响,而实际测试中不能达到完全理想状态,因此,为使误差最小化,以下五组实验均在少风及无雪无雨的天气中进行,且红外热像仪的拍摄全部在夜间进行。五组现场实验的室内外温度和风力情况如表 6.6 所示,风力情况通过气象数据获得。

表 6.6　现场测试概况

实验	室外温度变化范围 /℃	室内平均温度变化范围 /℃	风级
实验 1	$-19.1 \sim -13.0$	$9.6 \sim 10.6$	$\leqslant 2$ 级
实验 2	$-17.8 \sim -15.5$	$20.5 \sim 21.4$	$\leqslant 3$ 级
实验 3	$-17.6 \sim -16.0$	$19.4 \sim 19.7$	$\leqslant 4$ 级
实验 4	$-3.3 \sim -1.8$	$21.6 \sim 22.3$	$\leqslant 4$ 级
实验 5	$-0.5 \sim 2.3$	$19.5 \sim 19.8$	$\leqslant 3$ 级

6.2.2　检测数据

1.实验 1

测试地点为哈尔滨市盛世香湾住宅小区 G11 栋楼 1 单元 12 楼(顶层),测试目标为房间东墙,墙体内壁面为光滑乳胶漆,外壁面为灰色油漆饰面,墙体一侧有窗户,图 6.15 所示为现场测试图片。

图 6.15　现场测试图片

墙体内外侧分别放置一台红外热像仪,用于采集墙体内外壁面平均温度数据,室内放置四台 BSIDE BTH01 高精度温湿度测试仪,室外放置一台 BSIDE BTH01 高精度温湿度测试仪,用于测试室内外温度,BES － AB 分布式传热系数检测仪的热电偶均匀贴于墙体内外壁面,用于测试墙体热阻。红外热像仪和 BSIDE BTH01 高精度温湿度测试仪采集数据的时间为 2017 年 12 月 2 日 19 时至 12 月 3 日 6 时,每小时记录一次温度数据,BES －AB 分布式传热系数检测仪为了获得准确的测试结果,测试时间为 12 月 2 日 19 时至 12 月6 日 19 时共 96 h。房间布局及测点位置如图6.16 所示。

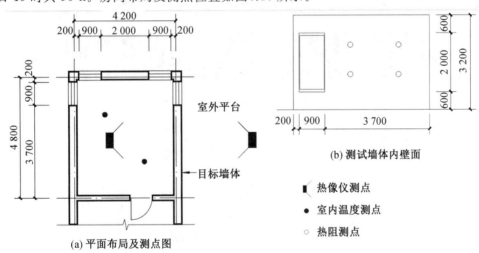

图 6.16　房间布局及测点示意图(单位:mm)

内壁面光滑乳胶漆壁面发射率为 $\varepsilon = 0.91$,外壁面油漆壁面发射率为 $\varepsilon = 0.96$。图6.17 和图 6.18 所示为内、外壁面拍摄的红外热像图。

各时刻的红外温度数据通过第 4 章的方法进行校准并重新提取,例如,图 6.19 所示为19 时的红外温度数据处理结果。

图 6.20 所示为红外热像仪拍摄并校准后的墙体内外壁面平均温度,以及高精度温度测试仪测得的室内平均温度、室外温度变化曲线,这些数据将输入到 PSO － SVM 外墙热阻辨识模型中进行辨识。BES － AB 分布式传热系数检测仪测得的墙体热阻

为 $3.002\ \mathrm{m}^2 \cdot \mathrm{K/W}$。

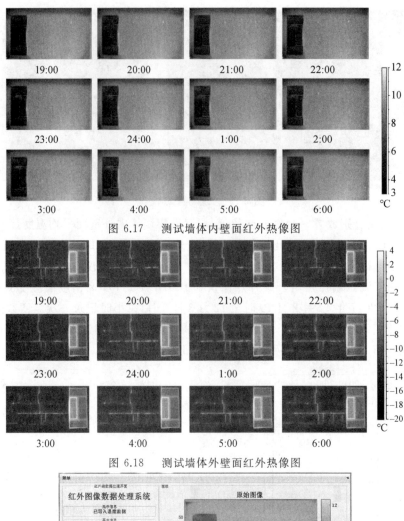

图 6.17　测试墙体内壁面红外热像图

图 6.18　测试墙体外壁面红外热像图

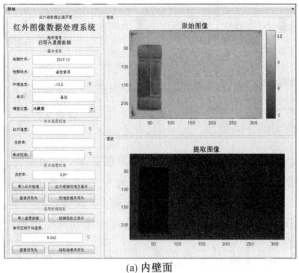

(a) 内壁面

图 6.19　19 时的红外温度数据处理结果

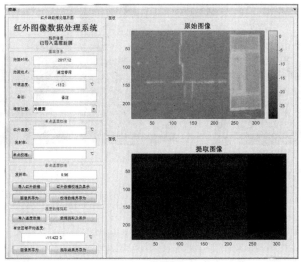

(b) 外壁面

续图 6.19

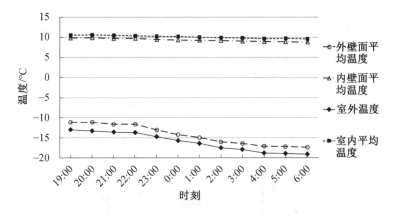

图 6.20　墙体内外壁面平均温度及室内外温度变化曲线

2.实验 2

测试地点为哈尔滨市中植方洲苑住宅小区 18 栋楼 5 单元 101 楼(首层),测试目标为房间北墙,墙体内壁面为光滑乳胶漆,外壁面为瓷砖,墙体有窗户,图 6.21 所示为现场测试图片。

房间布局及测点位置如图 6.22 所示。

红外热像仪测试时间为 2018 年 12 月 30 日晚 18 时至 12 月 31 日早 5 时。内墙光滑乳胶漆壁面发射率为 $\varepsilon = 0.91$,外墙瓷砖壁面发射率为 $\varepsilon = 0.96$。图 6.23 和图 6.24 所示为内、外壁面拍摄的红外热像图。

图 6.21 现场测试图片

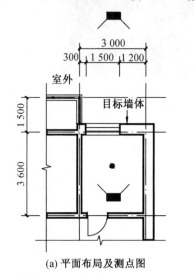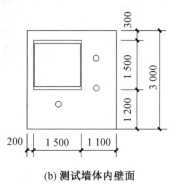

(b) 测试墙体内壁面

▪ 热像仪测点
● 室内温度测点
○ 热阻测点

(a) 平面布局及测点图

图 6.22 房间布局及测点示意图(单位:mm)

图 6.23 测试墙体内壁面红外热像图

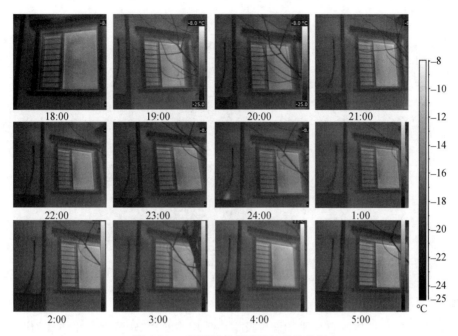

图 6.24　测试墙体外壁面红外热像图

图 6.25 所示为 18 时的红外温度数据处理结果。

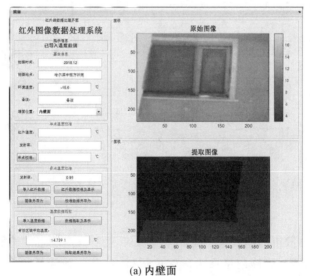

(a) 内壁面

图 6.25　18 时的红外温度数据处理结果

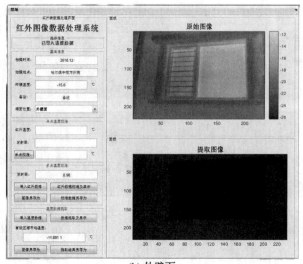

(b) 外壁面

续图 6.25

　　仪器测得的外墙内外壁面平均温度及室内平均温度、室外温度变化曲线如图6.26 所示,墙体热阻为3.211 $m^2 \cdot K/W$。

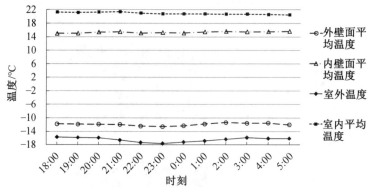

图 6.26　墙体内外壁面平均温度及室内外温度变化曲线

3.实验 3

　　测试地点为哈尔滨市鸿翔名苑小区 10 栋楼 1 单元 401(四层带室外平台),测试目标为房间北墙的一部分,测试墙体内壁面为深棕色板材,外壁面为浅红色瓷砖,墙体中间有窗户。图 6.27 所示为现场测试图片,由于整面墙体内壁面材质不同,且窗户下方有暖气片,因此,选取图片中图框标识的区域为墙体测试范围。房间布局及测点位置如图6.28 所示。

　　红外热像仪测试时间为 2018 年 12 月 9 日 17 时至 12 月 10 日 4 时。内墙板材壁面发射率为 $\varepsilon = 0.96$,外墙瓷砖壁面发射率为 $\varepsilon = 0.96$。图 6.29 和图 6.30 所示为测试墙体内、外壁面的红外热像图。

图 6.27　现场测试图片

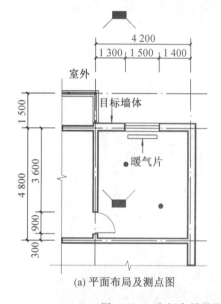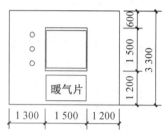

(a) 平面布局及测点图

(b) 测试墙体内壁面

■ 热像仪测点

● 室内温度测点

○ 热阻测点

图 6.28　房间布局及测点示意图（单位：mm）

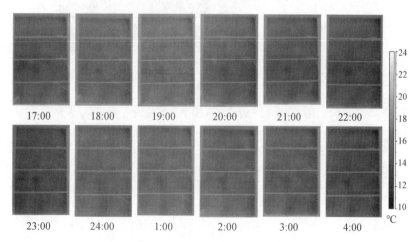

图 6.29　测试墙体内壁面红外热像图

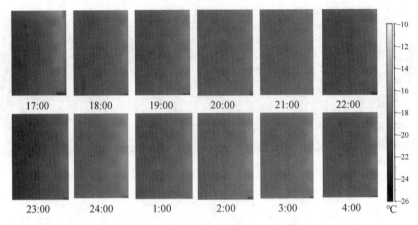

图 6.30　　测试墙体外壁面红外热像图

图 6.31 所示为 17 时的红外温度数据处理结果。

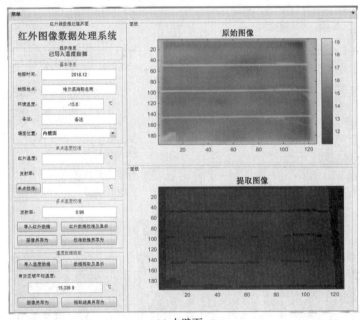

(a) 内壁面

图 6.31　　17 时的红外温度数据处理结果

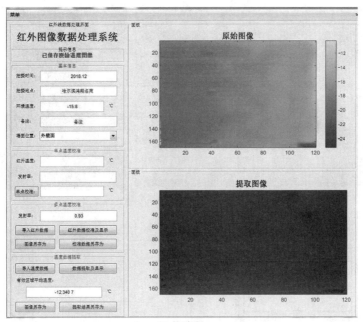

(b) 外壁面

续图 6.31

　　仪器测得的外墙内外壁面平均温度及室内平均温度、室外温度变化曲线如图6.32所示，墙体热阻为3.072 $m^2 \cdot K/W$。

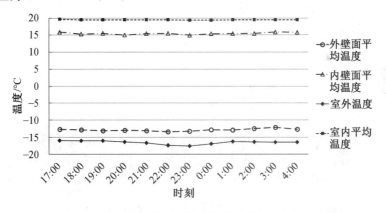

图 6.32　墙体内外壁面平均温度及室内外温度变化曲线

4.实验 4

　　测试目标为烟台市福山区永福园小区 2－2 一层餐厅外墙(北面)，墙体内壁面为光滑乳胶漆、墙体外壁面为普通油漆饰面，墙体中间有窗户，图 6.33 所示为现场测试图片。

　　房间布局及测点位置如图 6.34 所示。

　　红外热像仪测试时间为 2018 年 1 月 27 日晚 19 时至 1 月 28 日早 6 时。内墙光滑乳胶漆壁面发射率为 ε＝0.91，外墙油漆壁面发射率为 ε＝0.96。图 6.35 和图 6.36 所示为内、外壁面拍摄的红外热像图。

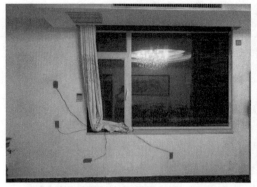

图 6.33　现场测试图片

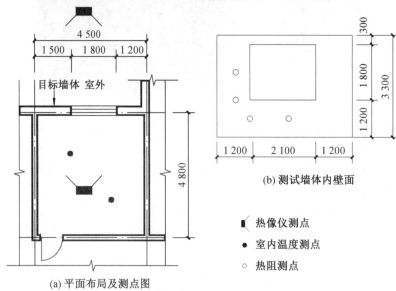

(a) 平面布局及测点图

(b) 测试墙体内壁面

▪ 热像仪测点

● 室内温度测点

○ 热阻测点

图 6.34　房间布局及测点示意图(单位:mm)

图 6.35　测试墙体内壁面红外热像图

19:00　　　　20:00　　　　21:00　　　　22:00

23:00　　　　24:00　　　　1:00　　　　2:00

3:00　　　　4:00　　　　5:00　　　　6:00

图 6.36　　测试墙体外壁面红外热像图

图 6.37 所示为 19 时的红外温度数据处理结果。

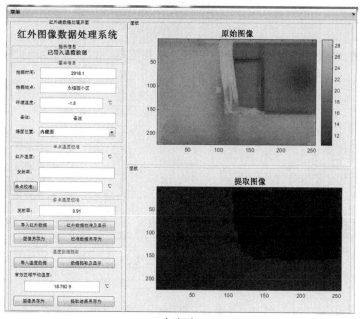

(a) 内壁面

图 6.37　　19 时的红外温度数据处理结果

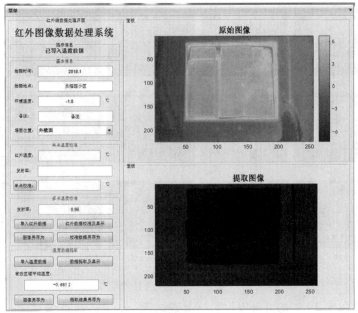

(b) 外壁面

续图 6.37

　　仪器测得的外墙内外壁面平均温度及室内平均温度、室外温度变化曲线如图 6.38 所示,墙体热阻为2.890 m² · K/W。

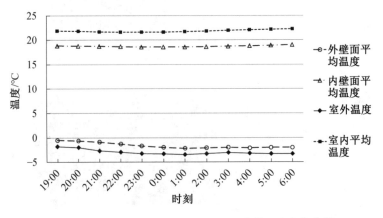

图 6.38　墙体内外壁面平均温度及室内外温度变化曲线

5.实验 5

　　测试目标为烟台市开发区中建瀛园住宅小区 2 号楼 1 单元 6 层住宅卧室外墙(北面),墙体内壁面为光滑乳胶漆、墙体外壁面为普通油漆饰面,墙体中间有一扇玻璃门,图 6.39所示为现场测试图片。

　　房间布局及测点位置如图 6.40 所示,受阳台尺寸和红外热像仪广角的限制,拍摄外壁面平均温度时,红外热像仪在拍摄过程中镜头角度与墙面呈15°,即与墙面法线呈75°。

图 6.39　现场测试图片

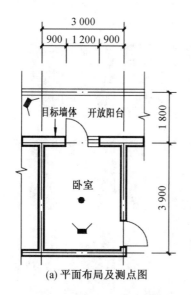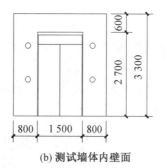

(b) 测试墙体内壁面

■◣ 热像仪测点

● 室内温度测点

○ 热阻测点

(a) 平面布局及测点图

图 6.40　房间布局及测点示意图(单位:mm)

　　红外热像仪测试时间为 2018 年 1 月 31 日晚 19 时至 2 月 1 日早 6 时。内墙光滑乳胶漆壁面发射率为 $\varepsilon = 0.91$,外墙油漆壁面发射率为 $\varepsilon = 0.96$。如图 6.41 和 6.42 所示为内、外壁面拍摄的红外热像图。

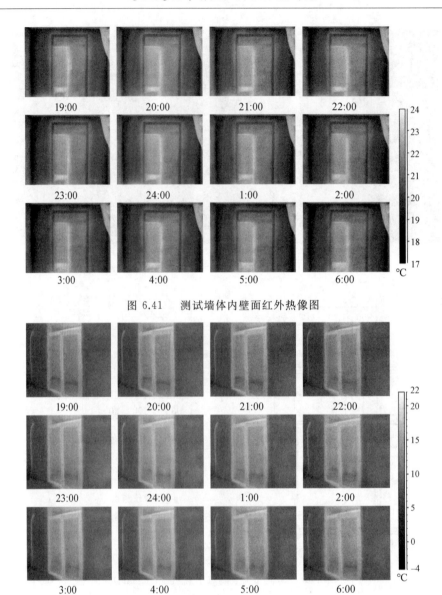

图 6.41　测试墙体内壁面红外热像图

图 6.42　测试墙体外壁面红外热像图

图 6.43 所示为 19 时的红外温度数据处理结果。

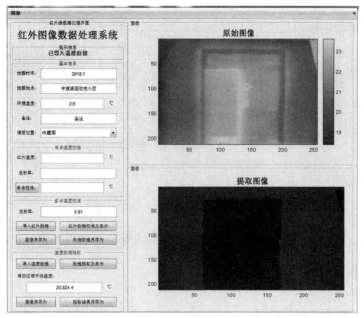

(a) 内壁面

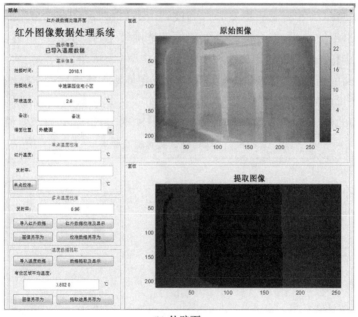

(b) 外壁面

图 6.43　19 时的红外温度数据处理结果

仪器测得的外墙内外壁面平均温度及室内平均温度、室外温度变化曲线如图 6.44 所示,墙体热阻为 2.622 m^2 · K/W。

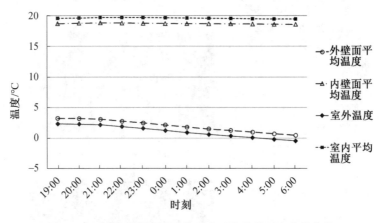

图 6.44　墙体内外壁面平均温度及室内外温度变化曲线

6.2.3　检测结果与分析

1.现场测试结果与误差分析

总体来说,哈尔滨实测实验中室外气温波动范围均在 $5 \sim 10$ ℃ 范围内,从外壁面红外图像上可看出细微变化;烟台的室外气温波动范围较小,仅为 3 ℃ 左右,从红外热像图上几乎看不出变化。

将测试得到的温度数据及时间数据作为输入变量输入所建好的 PSO－SVM 模型中进行检验,将测得的外墙热阻值与 BES－AB 分布式传热系数检测仪的检测结果进行比较,得到绝对误差和相对误差,五组实验的 PSO－SVM 辨识结果和误差如表 6.7 所示。

表 6.7　现场测试实验检验结果

实验编号	1	2	3	4	5	平均值
$R-BES-AB$ $/(\mathrm{m}^2 \cdot \mathrm{K} \cdot \mathrm{W}^{-1})$	3.002	3.211	3.072	2.890	2.622	—
$R-PSO-SVM$ $/(\mathrm{m}^2 \cdot \mathrm{K} \cdot \mathrm{W}^{-1})$	3.152	2.900	2.899	3.089	2.184	—
绝对误差 $/(\mathrm{m}^2 \cdot \mathrm{K} \cdot \mathrm{W}^{-1})$	0.150	0.311	0.170	0.199	0.438	0.254
相对误差 /%	4.9	9.7	5.6	6.9	16.7	8.8

现场实验的外墙热阻辨识结果表明,五组实测实验中有三组实验的 PSO－SVM 辨识热阻值低于 BES－AB 分布式传热系数检测仪的检测结果,五组实验检测的绝对误差平均值为 0.254 $\mathrm{m}^2 \cdot \mathrm{K/W}$,相对误差平均值为 8.8%,实验 5 的检验结果偏离值较大,相对误差为 16.7%。其原因首先是实验 5 的热阻实测数值(2.622 $\mathrm{m}^2 \cdot \mathrm{K/W}$)作为相对误差的分母基数数值较小,导致相对误差的数值较大,另一个可能原因是采用红外热像仪拍摄外壁面平均温度时,镜头视角与墙面存在偏移角度。为了验证这一误差原因,本书根据周志成等

人给出的红外热像仪测温数据与镜头视角之间的关系式,将实验 5 中的温度数据进行再次修正,红外热像仪测温数据与镜头视角之间的关系式如下:

$$T(\theta,d) = T\cos^{4.5}\theta - 0.320\ 5d - 0.011\ 03d^2 \tag{6.1}$$

式中　$T(\theta,d)$——红外热像仪测得的表面温度($^\circ\!C$);

　　　T——被测物体表面真实温度($^\circ\!C$);

　　　θ——观测视角,即热像仪镜头法线与被测物体表面法线夹角($^\circ$);

　　　d——热像仪镜头与被测物体表面的间距(m)。

根据式(6.1),实验 5 的墙体外壁面平均温度数据再次进行修正后得到的实际温度数据如图 6.45 所示。

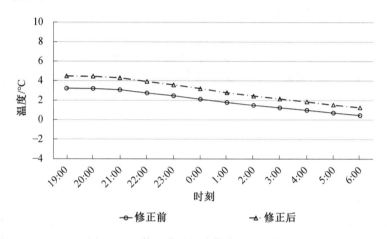

图 6.45　修正前后的墙体外壁面平均温度

对实验 5 的温度数据进行再次修正并重新输入热阻辨识系统进行热阻辨识,辨识结果为 2.400 $m^2 \cdot K/W$,相对误差为 8.5%,说明红外热像仪镜头视角会对测温数据造成影响。

再次修正后的五组实验绝对误差平均值为 0.210 $m^2 \cdot K/W$,相对误差平均值为 7.1%,说明 PSO－SVM 模型辨识的热阻值与实测热阻值吻合度较高。总体来说检验结果较好,验证了 PSO－SVM 模型测试外墙热阻的可行性。

2.其他误差讨论与分析

除上文所述红外热像仪拍摄角度导致的检测误差,还有以下几个因素可能会产生误差。

首先,由于施工原因造成的墙体壁面不平,可能会导致传统热流计法检测结果产生偏差,热流计测点的布置也可能会造成误差。测点布置数量有限,其平均数据不能完全等同于墙体整个壁面的平均值,但测点数量太多,也会对红外热像图片有效区域温度数据的获取有影响。热电偶测量端与墙体壁面的粘贴不当也会造成测试数据的不准确。

其次,红外热像图片在拍摄过程中还可能会受风速、湿度等因素的影响。本书在红外热像数据的校准程序和有效区域温度提取过程中忽略了这些因素,获得的红外图像校准后的数据可能会有一定的误差,不能与实际数据百分百吻合。

最后,实验过程中的人为因素、实验仪器在数据记录过程中的延迟性、实验中其他仪器的测点位置和角度也可能造成误差。

总之,整个系统的建立涉及环节较多,各个环节都可能造成误差。总体来说,PSO—SVM 模型辨识的热阻值与实测热阻值基本吻合,检验结果较好,检测时间明显短于传统热流计法,并且检测过程中对墙体无损害,同时也验证了数值模型的基本假设和边界条件的设置等均较为合理。

3.系统适用范围和现场测试条件

考虑到目前的工作量和取得的成果,以及课题完成过程中的限制条件,使用本书建立的外墙热阻辨识系统时需要注意以下条件:

(1)测试应在夜间进行,且室内外温差大于 10 ℃。

(2)尽可能选择在少风无风、无雪无雨的环境下进行测试。

(3)红外热像仪与墙面距离不宜过远,并保持镜头法线与墙面垂直,当镜头法线与墙面存在偏移角度时,应对红外热像仪测温数据进行再次修正。

6.3　本章小结

为了验证 PSO—SVM 外墙热阻检测方法的准确性,本章采用了实验室测试和现场测试两种方法。

(1)实验室测试包含两组实验,均在寒地建筑环境模拟舱中进行,利用红外热像法获取并校准试件墙体内外壁面平均温度,两组实验通过 PSO—SVM 辨识得到的墙体热阻值与理论值的相对误差平均值为 2.6%,与传热系数检测仪对比的相对误差平均值为3.5%,且 PSO—SVM 检测值低于理论值,热阻辨识方法检测结果较为合理。

(2)现场测试包括三组严寒地区民用建筑外墙及两组寒冷地区民用建筑外墙的测试,将五组现场测试的实验数据作为输入变量,得到的辨识结果与热流计法的检测结果进行比较,检验结果的相对误差分别为 4.9%、9.7%、5.6%、6.9%、16.7%,实验 5 的误差较大,其中的一个原因是红外热像仪拍摄角度过大。因此对其红外拍摄数据进行修正,修正后的五组实验绝对误差平均值为 0.210 m² · K/W,相对误差平均值为 7.1%,总体来说检验结果较好,验证了 PSO—SVM 方法测试外墙热阻的可行性。在本章的最后,给出了外墙热阻辨识方法的适用条件。

第 7 章　展　望

本书讨论了我国能耗现状及节能检测的重要性和现有外墙热工性能检测方法的不足,提出了基于建筑非稳态导热反问题理论,结合红外热像法、利用机器学习算法辨识得到寒区建筑外墙热阻的研究方案,进而为建立快速、经济、高效的建筑外墙传热系数现场检测方法奠定基础。

但是,要真正完成这项研究仍有许多后续工作需要完成。

首先,建立完整的建筑外墙热阻辨识系统是一个复杂、烦琐的工作,需要大量的样本数据作为支撑,足够种类和数量的样本数据能够保障系统辨识结果的准确性和真实度。本书仅选取了具有代表性的寒区建筑墙体模型和工况进行模拟,今后还需要加入更多种类型的物理模型和边界条件,以便充实辨识系统的训练样本,提高辨识系统的准确性。另外,还需进行大量的实测实验,验证系统的可行性,建立完整的建筑外墙热阻辨识系统。

其次,红外热像仪的测温数据受多因素影响,本书仅考虑了发射率这一因素,未来的研究还需加入风速、湿度甚至太阳辐射等多个对于红外热像仪测温数据有影响的因素,以确保红外热像法能够更加准确地为外墙热阻辨识方法提供数据支持。除此之外,外墙传热系数与内外壁面换热系数有关,而内外壁面换热系数也受多个因素影响,今后需加强这方面的研究,进而实现传热系数的精准检测。

最后,针对现有的 PSO－SVM 外墙热阻辨识方法,在设备使用和设计方面具有进一步升级完善的空间。在辨识系统 GUI 界面设计方面也可以更加细致,加入仪器与计算机终端的连接,实现数据的快速读取,方便用户的使用。对于高层建筑外墙,今后可加入无人机技术、红外遥感等辅助技术,打破检测高度的限制。

虽然研究还有待完善,但本书的内容证明了机器学习辨识方法可以作为检测建筑外墙热阻的一种手段,对进一步进行建筑外墙传热系数现场检测研究具有重要意义。

参 考 文 献

[1] 胡现石.膨胀珍珠岩复合相变储能材料的制备及其在外墙保温中的应用研究[D].成都:西南石油大学,2017.

[2] 阮方.分室间歇用能方式下居住建筑围护结构保温节能理论研究[D].杭州:浙江大学,2017.

[3] 中国建筑节能协会.中国建筑能耗研究报告 2020[J].建筑节能(中英文),2021,49(2):1-6.

[4] 刘梦婷.严寒和寒冷地区居住建筑第四步节能指标体系研究[D].哈尔滨:哈尔滨工业大学,2018.

[5] 蔡倩,周宁,张昭瑞,等.既有居住建筑参照 75% 节能设计标准进行节能改造实践[J].建设科技,2016(7):39-41.

[6] 王昭,李震,时敬磊,等.山东省居住建筑节能 75% 设计标准和德国建筑节能标准对比分析[J].建筑节能,2016,44(9):98-100.

[7] 巩玉发,唐玉婷.同纬度严寒地区建筑节能 75% 可行性研究[J].建筑节能,2017,45(9):99-102.

[8] 程才实.河北省居住建筑全面执行 75% 节能标准[J].建设科技,2018(14):7.

[9] BELUSSIA L,BAROZZIA B,BELLAZZIA A,et al.A review of performance of zero energy buildings and energy efficiency solutions[J].Journal of Building Engineering,2019,25:1-21.

[10] Al-SAADI S N,AWNI K,SHAABAN A K.Zero energy building (ZEB)in a cooling dominated climate of Oman:Design and energy performance analysis [J].Renewable and Sustainable Energy Reviews,2019,112:299-316.

[11] EL-DARWISH I,GOMAA M.Retrofitting strategy for building envelopes to achieve energy efficiency[J].Alexandria Engineering Journal,2017,56:579-589.

[12] YU J H,TIAN L,XU X H,et al.Evaluation on energy and thermal performance for office building[J].Energy and Buildings,2015,86:626-639.

[13] ZHANG T T,TAN Y F,YANG H X,et al.The application of air layers in building envelopes:A review [J].Applied Energy,2016,165:707-734.

[14] 陈崇一.基于机器学习的建筑外墙外保温热工缺陷检测方法[D].哈尔滨:哈尔滨工

业大学,2018.

[15] 中华人民共和国国家质量监督检验检疫总局,中国国家标准化管理委员会.建筑物围护结构传热系数及采暖供热量检测方法:GB/T 23483—2009[S].北京:中国标准出版社,2009.

[16] 中华人民共和国住房和城乡建设部.公共建筑节能检测标准:JGJ/T 177—2009 [S].北京:中国建筑工业出版社,2010.

[17] 中华人民共和国住房和城乡建设部.居住建筑节能检测标准:JGJ/T 132—2009 [S].北京:中国建筑工业出版社,2010.

[18] 潘伟,郭锋,杨江金.既有建筑外保温质量诊断与处理技术研究[J].工程质量,2016,34(2):92-95.

[19] 中华人民共和国住房和城乡建设部.既有居住建筑节能改造技术规程:JGJ/T 129—2012 [S].北京:中国建筑工业出版社,2012.

[20] BARDSLEY N,BÜCHS M,JAMES P,et al. Domestic thermal upgrades, community action and energy saving:A three-year experimental study of prosperous households[J].Energy Policy,2019,127:475-485.

[21] 孙金金,李绅豪.既有建筑绿色性能诊断指标和实施方法[J].绿色建筑,2016(3):22-26.

[22] 中华人民共和国住房和城乡建设部办公厅.关于印发既有居住建筑节能改造指南的通知 [DB/OL].[2019-12-28]. http://www. gov. cn/zwgk/2012-03/19/content_2094459.htm.

[23] 周新军.我国能耗监测管理现状及未来发展趋势[J].当代经济管理,2014,36(2):46-50.

[24] VALERO E,FORSTER A,BOSCHÉ F,et al.Automated defect detection and classification in ashlar masonry walls using machine learning[J].Automation in Construction,2019,106:1-14.

[25] International Organization for Standardization. Thermal insulation—Building elements—In-situ measurement of thermal resistance and thermal transmittance:ISO 9869:2014 [S/OL].[2021-09-21].https://www.iso.org/standard/17746.html.

[26] 中华人民共和国住房和城乡建设部.建筑用热流计:JG/T 519—2018 [S].北京:中国建筑工业出版社,2018.

[27] 中国建筑科学研究院.采暖居住建筑节能检验标准:JGJ 132—2001 [S].北京:中国建筑工业出版社,2001:6-8.

[28] International Organization for Standardization. Thermal insulation—Determination of steady-state thermal transmission properties—Calibrated and guarded hot box:ISO 8990:1994[S/OL].[2021-09-21].https://www.iso.org/standard/16519.html.

[29] 唐鸣放.建筑外墙传热系数动态分析[J].暖通空调,2005,7(35):1-3.

[30] 沈祖锋.基于 Ansys 的热流计法墙体传热系数检测的研究[D].杭州:浙江大学,2011.

[31] 吴培浩,麦粤帮,路建岭.建筑围护结构传热系数现场检测方法的改进及应用[J].新型建筑材料,2011(4):79-83.

[32] 刘正清.围护结构传热系数的现场检测与辨识研究[D].重庆:重庆大学,2012.

[33] 刘正清,郑洁,黄育华.热箱－热流计法用于围护结构传热系数现场检测[J].煤气与燃力,2013,33(10):A11-A14.

[34] 盖玉刚.建筑外墙热工性能现场检测方法与数值模拟分析[J].建筑热能通风空调,2015,34(1):82-85.

[35] 盖玉刚.建筑外墙热工性能现场检测方法与结果分析[D].济南:山东建筑大学,2013:43-62.

[36] 高慧挥.建筑围护结构热阻现场测试系统研发及影响因素分析[D].上海:东华大学,2016:43-62.

[37] 杜璘.建筑围护结构外墙传热系数现场检测方法研究[D].南昌:南昌大学,2018.

[38] 张宇,刘永鑫,安文,等.基于贝叶斯方法的墙体传热系数实测反演分析[J].节能建筑,2018,36(210):331-334,352.

[39] ARASTEH D K.Using infrared thermograph for the study of heat transfer through building envelope components[J].ASHRAE Transactions,1992,98(8):19-24.

[40] BOUGUERRA A,AIT-MOKHTAR A,MIRI O,et al.Measurement of thermal conductivity,thermal diffusivity and heat capacity of highly porous building materials using transient planes source technique[J].International Communication of Heat and Mass Transfer,2001,28(6):1065-1078.

[41] LUO C,MOGHTADERI B,HANDS S,et al.Determining the thermal capacitance, conductivity and the convective heat transfer coefficient of a brick wall by annually monitored temperatures and total heat fluxes[J].Energy and Buildings,2011,43(2-3):379-385.

[42] GASPAR K,CASALS M,GANGOLELLS M.A comparison of standardized calculation methods for in situ measurements of facades U-value[J].Energy and Buildings,2016,130:592-599.

[43] GASPAR K,CASALS M,GANGOLELLS M.In situ measurement of façades with a low U-value:Avoiding deviations[J].Energy and Buildings,2018,170:61-73.

[44] TEJEDOR B,CASALS M,GANGOLELLS M.Assessing the influence of operating conditions and thermophysical properties on the accuracy of in-situ measured U -values using quantitative internal infrared thermography[J].Energy and Buildings,2018,171:64-75.

[45] FLIR Systems. Therma CAM B2: User's Manual [M]. Stockholm: FLIR Systems,2005.

[46] BARREIRA E,FREITAS V P,DELGADO J M P Q,et al.Infrared thermography Chapter 8:Thermography applications in the study of buildings hygrothermal behaviour[M].Croatia:Prakash RV,2012:171-192.

[47] HUDSON R D. Infrared system engineering [M]. New Jersey: Wiley-Interscience,1969.

[48] LISOWSKA-LIS A,MITKOWSKI S A,AUGUSTYN J.Infrared technique and its application in science and engineering in the study plans of students in electrical engineering and electronics[C].Ljubljana:2nd World conference on technology and engineering education Ljubljana,2011,9.

[49] GHAHRAMANI A,CASTRO G,KARVIGH S A, et al. Towards unsupervised learning of thermal comfort using infrared thermography[J]. Applied Energy, 2018,211:41-49.

[50] 刘颖韬,郭广平,曾智,等.红外热像无损检测技术的发展历程、现状和趋势[J].无损检测,2017,39(8):63-70.

[51] BAGAVATHIAPPAN S,LAHIRI B B,SARAVANAN T,et al.Infrared thermography for condition monitoring—A review[J]. Infrared Physics & Technology, 2013,60:35-55.

[52] KIRIMTAT A,KREJCAR O.A review of infrared thermography for the investigation of building envelopes:Advances and prospects[J].Energy & Buildings,2018, 176:390-406.

[53] International organization for standardization. Thermal insulation qualitative detection of thermal irregularities in building envelopes infrared method:ISO 6781:1983 [S/OL].[2021-09-21].https://www.iso.org/standard/13277.html.

[54] International organization for standardization. Thermal insulation qualitative detection of thermal irregularities in building envelopes infrared method: ISO BS EN13187:1999 [S/OL].[2021-09-21].https://www.doc88.com/p-1327432120010. html? r=1.

[55] BAUER E,PAVÓN E,BARREIRA E,et al.Analysis of building facade defects using infrared thermography: Laboratory studies [J]. Journal of Building Engineering,2016,6:93-104.

[56] LOURENÇO T,MATIAS T,FARIA P.Anomalies detection in adhesive wall tiling systems by infrared thermography[J].Construction and Building Materials,2017, 148:419-428.

[57] SERRA C, TADEU A, SIMÕES N. Heat transfer modeling using analytical solutions for infrared thermography applications in multilayered buildings systems [J].International Journal of Heat and Mass Transfer,2017,115:471-478.

[58] LERMA C,BARREIRA E,ALMEIDA R M S F.A discussion concerning active infrared thermography in the evaluation of buildings air infiltration[J].Energy and Buildings,2018,168:56-66.

[59] DOSHVARPASSAND S,WU C Z,WANG X Y.An overview of corrosion defect characterization using active infrared thermography[J].Infrared Physics & Technology,2019,96:366-389.

[60] 李志强,代博,李晓丽,等.红外热像法在震后房屋损坏快速鉴定中的应用研究[J].震灾防御技术,2012,7(1):1-11.

[61] LUONG M P.Infrared thermovision of damage processes in concrete and rock[J].Engineering Fracture Mechanics,1990,35(1-3):291-301.

[62] LUONG M P.Infrared thermographic scanning of fatigue in metals[J].Nuclear Engineering and Design,1995,158(2-3):363-376.

[63] MAROY K,CARBONEZ K,STEEMAN M,et al.Assessing the thermal performance of insulating glass units with infrared thermography:Potential and limitations [J].Energy and Buildings,2017,138:175-192.

[64] PORRAS-AMORES C,MAZARRÓN F R,CAÑAS I.Using quantitative infrared thermography to determine indoor air temperature[J].Energy and Buildings,2013,65:292-298.

[65] WANG Y P,CHENG P,LIU Q,et al.A nanocomposite coating improving the accuracy in infrared temperature measurement for thermal micro-devices[J].Sensors and Actuators A:Physical,2019,293:29-36.

[66] LAI W L,KOU S C,POON C S,et al.Characterization of the deterioration of externally bonded CFRP-concrete composites using quantitative infrared thermography[J].Cement & Concrete Composites,2010,32(9):740-746.

[67] ALBATICI R,TONELLI A M.Infrared thermovision technique for the assessment of thermal transmittance value of opaque building elements on site[J].Energy and Buildings,2010,42(11):2177-2183.

[68] ALBATICI R,TONELLI A M,CHIOGNA M.A comprehensive experimental approach for the validation of quantitative infrared thermography in the evaluation of building thermal transmittance[J].Applied Energy,2015,141:218-228.

[69] ASDRUBALI F,BALDINELLI G,BIANCHI F.A quantitative methodology to evaluate thermal bridges in buildings[J].Applied Energy,2012,97:365-373.

[70] OHLSSON K E A,OLOFSSON T.Quantitative infrared thermography imaging of the density of heat flow rate through a building element surface[J].Applied Energy,2014,134:499-505.

[71] CIFUENTES A,MENDIOROZ A,SALAZA A.Simultaneous measurements of the

thermal diffusivity and conductivity of thermal insulators using lock-in infrared thermography[J].International Journal of Thermal Sciences,2017,121:305-312.

[72] GRADY M O, LECHOWSKA A A, HARTE A M. Infrared thermography technique as an in-situ method of assessing heat loss through thermal bridging [J].Energy and Buildings,2017,135:20-32.

[73] MARINO B M,MUÑOZ N,THOMAS L P.Estimation of the surface thermal resistances and heat loss by conduction using thermography[J].Applied Thermal Engineering,2017,114:1213-1221.

[74] NARDI I,LUCCHI E,RUBEIS T,et al.Quantification of heat energy losses through the building envelope:A state of-the-art analysis with critical and comprehensive review on infrared thermography[J].Building and Environment,2018, 146:190-205.

[75] LUCCHI E.Applications of the infrared thermography in the energy audit of buildings:A review[J].Renewable and Sustainable Energy Reviews,2018,82:3077-3090.

[76] BIENVENIDO-HUERTAS D,BERMÚDEZ J,MOYANO J J,et al.Influence of ICHTC correlations on the thermal characterization of façades using the quantitative internal infrared thermography method[J].Building and Environment,2019, 149:512-525.

[77] 中华人民共和国住房和城乡建设部.红外热像法检测建筑外墙饰面粘结质量技术规程:JGJ/T 277—2012 [S].北京:中国建筑工业出版社,2012.

[78] 张炜.应用于建筑热工现场检测的红外热像技术与定量化分析[D].西安:西安建筑科技大学,2006.

[79] 唐鸣放,王海坡,李耕,等.节能建筑外窗传热系数现场测量简易方法[J].重庆建筑,2007(1):6-7.

[80] 李云红,孙晓刚,原桂彬.红外热像仪精确测温技术[J].光学精密工程.2007,15(9):1336-1341.

[81] 屈成忠,郭海明.基于红外热像法的建筑围护结构传热系数与风速的关系研究[J].建筑节能,2018,46(334):50-53.

[82] 屈成忠,郭海明.基于红外热像法的建筑围护结构传热系数与太阳光光照强度的关系研究[J].建筑节能,2019,47(337):85-88.

[83] ROYUELA-DEL-VAL A,PADILLA-MARCOS M A,MEISS A,et al.Air infiltration monitoring using thermography and neural networks [J].Energy and Buildings,2019,191:187-199.

[84] FOX M,COLEY D,GOODHEW S,et al.Thermography methodologies for detecting energy related building defects[J].Renewable and Sustainable Energy Reviews,2014,40:296-310.

［85］蒋济同,徐华峰,吴景福.红外热像法检测建筑物外墙外保温缺失的数值模拟［J］.无损检测,2015,37(10):39-46.

［86］YUAN Y N,WANG S.Measurement of the energy release rate of compressive failure in composites by combining infrared thermography and digital image correlation［J］.Composites Part A:Applied Science and Manufacturing,2019,122:59-66.

［87］HIASA S,BIRGUL R,NECATI CATBAS F.Investigation of effective utilization of infrared thermography (IRT) through advanced finite element modeling［J］.Construction and Building Materials,2017,150:295-309.

［88］CHULKOV A O,SFARRA S,ZHANG H,et al.Evaluating thermal properties of sugarcane bagasse-based composites by using active infrared thermography and terahertz imaging ［J］.International Journal of Heat and Fluid Flow,2017,65:105-113.

［89］MINEO S,PAPPALARDO G.Infrared thermography presented as an innovative and non-destructive solution to quantify rock porosity in laboratory ［J］.International Journal of Rock Mechanics and Mining Sciences,2019,115:99-110.

［90］MALHEIROS M C,FIGUEIREDO A A A,LUIS HENRIQUE DA S.Ignacioc.Estimation of thermal properties using only one surface by means of infrared thermography ［J］.Applied Thermal Engineering,2019,157:Article 113656.

［91］MOON J W,LEE J H,YOON Y,et al.Determining optimum control of double skin envelope for indoor thermal environment based on artificial neural network ［J］.Energy and Buildings,2014,69:175-183.

［92］CHAUDHURI T,SOH Y C,LI H,et al.A feedforward neural network based indoor-climate control framework for thermal comfort and energy saving in buildings ［J］.Applied Energy,2019,248:44-53.

［93］MOON J W,JUNG S K.Development of a thermal control algorithm using artificial neural network models for improved thermal comfort and energy efficiency in accommodation buildings ［J］.Applied Thermal Engineering,2016,103:1135-1144.

［94］DAI X L,LIU J J,ZHANG X,et al.An artificial neural network model using outdoor environmental parameters and residential building characteristics for predicting the nighttime natural ventilation effect［J］.Building and Environment,2019,159:Article106139.

［95］FENG K L,LU W Z,WANG Y W.Assessing environmental performance in early building design stage:An integrated parametric design and machine learning method［J］.Sustainable Cities and Society,2019,50 :Article 101596.

［96］SEYEDZADEH S,RAHIMIAN F P,RASTOGI P,et al.Tuning machine learning models for prediction of building energy loads[J].Sustainable Cities and Society，2019，47：Article 101484.

[97] MOHANDES S R,ZHANG X Q.A comprehensive review on the application of artificial neural networks in building energy analysis[J].Neurocomputing,2019,340：55-75.

[98] XU X D, WANG W, HONG T Z, et al. Incorporating machine learning with building network analysis to predict multi-building energy use[J]. Energy and Buildings,2019,69：80-97.

[99] KHAYATIAN F,SARTO F,GIULIANO Dall'O'.Application of neural networks for evaluating energy performance certificates of residential buildings[J].Energy and Buildings,2016,125：45-54.

[100] FAN C,WANG J Y,GANG W J,et al.Assessment of deep recurrent neural network-based strategies for short-term building energy predictions[J].Applied Energy,2019,236：700-710.

[101] 瓮佳良.基于深度学习的玻璃缺陷识别方法研究[D].太原：中北大学,2017.

[102] VALERO E,FORSTER A,BOSCHÉ F,et al.Automated defect detection and classification in ashlar masonry walls using machine learning[J].Automation in Construction,2019,106：Article 102846.

[103] HUANG F H,YU Y,FENG T H.Automatic building change image quality assessment in high resolution remote sensing based on deep learning[J].Journal of Visual Communication and Image Representation,2019,63：Article 102585.

[104] MANGALATHU S,BURTON H V.Deep learning-based classification of earthquake-impacted buildings using textual damage descriptions[J]. International Journal of Disaster Risk Reduction,2019,36：Article 101111.

[105] MOON J W,YOON S H,KIM S.Development of an artificial neural network model based thermal control logic for double skin envelopes in winter[J].Energy and Buildings,2013,61：149-159.

[106] FERREIRA P M,RUANO A E,SILVA S,et al.Neural networks based predictive control for thermal comfort and energy savings in public buildings[J].Energy and Buildings,2012,55：238-251.

[107] MBA L,MEUKAM P,KEMAJOU A.Application of artificial neural network for predicting hourly indoor air temperature and relative humidity in modern building in humid region[J].Energy and Buildings,2016,121：32-42.

[108] BACCOLI R,PILLA L D,FRATTOLILLO A,et al.An adaptive neural network model for thermal characterization of building components[J].Energy Procedia,2017,140：374-385.

[109] 张亮,王磊,王元麟.基于 RBF 神经网络的真空玻璃传热过程建模[J].真空,2017,54(1):38-41.

[110] BIENVENIDO-HUERTAS D,MOYANO J,RODRÍGUEZ-JIMÉNEZ C E,et al. Applying an artificial neural network to assess thermal transmittance in walls by means of the thermometric method[J].Applied Energy,2019,233-234:1-14.

[111] 郭宽良,孔祥谦,陈善年.计算传热学[M].合肥:中国科学技术出版社,1988.

[112] 薛亚海.基于反问题的壁面扰流元强化换热结构优化研究[D].天津:河北工业大学,2014.

[113] TIKHONOV A N,ARSENIN V Y.Solution of ill-posed problems[M].Washington,DC:Winston,1977.

[114] JAHANGIRI A,MOHAMMADI S.Modeling the one-dimensional inverse heat transfer problem using a Haar wavelet collocation approach[J].Physica A:Statistical Mechanics and its Applications,2019,525:13-26.

[115] WANG X W,LI H P,HE L F,et al.Evaluation of multi-objective inverse heat conduction problem based on particle swarm optimization algorithm,normal distribution and finite element method[J].International Journal of Heat and Mass Transfer,2018,127:1114-1127.

[116] ZHANG B,QI H,SUN S C,et al.Solving inverse problems of radiative heat transfer and phase change in semitransparent medium by using Improved Quantum Particle Swarm Optimization [J]. International Journal of Heat and Mass Transfer,2015,85:300-310.

[117] HUNTUL M J,LESNIC D.An inverse problem of finding the time-dependent thermal conductivity from boundary data[J].International Communications in Heat and Mass Transfer,2017,85:147-153.

[118] SUN S C,WANG G W,CHEN H,et al.An inverse method for the reconstruction of thermal boundary conditions of semitransparent medium[J].International Journal of Heat and Mass Transfer,2019,134:574-585.

[119] LEE K H.Application of repulsive particle swarm optimization for inverse heat conduction problem—Parameter estimations of unknown plane heat source[J].International Journal of Heat and Mass Transfer,2019,137:268-279.

[120] RISULEO R S,BOTTEGAL G,HJALMARSSON H.Modeling and identification of uncertain-input systems[J].Automatica,2019,105:130-141.

[121] 陈友明,王盛卫,张泠.系统辨识在建筑热湿传递过程中的应用[M].北京:中国建筑工业出版社,2004.

[122] 李玉波.基于热工性能的研究系统辨识理论的建筑物围护结构综合[D].天津:天津大学,2010.

[123] KIM D,CAI J,BRAUN J E,et al.System identification for building thermal systems under the presence of unmeasured disturbances in closed loop operation: Theoretical analysis and application [J].Energy and Buildings,2018,165:359-369.

[124] LI Z N,HU J X,ZHAO Z F,et al.Dynamic system identification of a high-rise building during Typhoon Kalmaegi[J].Journal of Wind Engineering and Industrial Aerodynamics,2018,181:141-160.

[125] BERARDI U,NALDI M.The impact of the temperature dependent thermal conductivity of insulating materials on the effective building envelope performance [J].Energy and Buildings,2017,144:262-275.

[126] KHOUKHI M,FEZZIOUI N,DRAOUI B,et al.The impact of changes in thermal conductivity of polystyrene insulation material under different operating temperatures on the heat transfer through the building envelope[J].Applied Thermal Engineering,2016,105:669-674.

[127] KHOUKHI M.The combined effect of heat and moisture transfer dependent thermal conductivity of polystyrene insulation material: Impact on building energy performance[J].Energy and Buildings,2018,169:228-235.

[128] BUDAIWI I,ABDOU A,AL-HOMOUD M.Variations of thermal conductivity of insulation materials under different operating temperatures: Impact on envelope-induced cooling load[J].Journal of Architectural Engineering,2002,8(4):125-132.

[129] BUDAIWI I,ABDOU A.The impact of thermal conductivity change of moist fibrous insulation on energy performance of buildings under hot-humid conditions [J].Energy and Buildings,2013,60:388-399.

[130] JERMAN M,ERN R.Effect of moisture content on heat and moisture transport and storage properties of thermal insulation materials[J].Energy and Buildings, 2012,53:39-46.

[131] OCHS F,HEIDEMANN W,MÜLLER-STEINHAGEN H.Effective thermal conductivity of moistened insulation materials as a function of temperature[J].International Journal of Heat and Mass Transfer,2008,51(2-3):539-552.

[132] GOMES M G,FLORES-COLEN I,MANGA L M,et al.The influence of moisture content on the thermal conductivity of external thermal mortars[J].Construction and Building Materials,2017,135:279-286.

[133] KHOUKHI M,HASSAN A,SAADI S A,et al.A dynamic thermal response on thermal conductivity at different temperature and moisture levels of EPS insulation[J].Case Studies in Thermal Engineering,2019,14:Article 100481.

[134] PÉREZ-BELLA J M,DOMÍNGUEZ-HERNÁNDEZ J,CANO-SUÑÉN E,et al. Detailed territorial estimation of design thermal conductivity for facade materials

in North-Eastern Spain[J].Energy and Buildings,2015,102:266-276.

[135] ASDRUBALI F,D'ALESSANDRO F,BALDINELLI G,et al.Evaluating in situ thermal transmittance of green buildings masonries—A case study[J].Case Studies in Construction Materials,2014(1):53-59.

[136] CLARKE A,YANESKE P P.A rational approach to the harmonisation of the thermal properties of building materials[J].Building and Environment,2009,44 (10):2046-2055.

[137] 孙立新,冯驰,崔雨萌.温度和含湿量对建筑材料导热系数的影响[J].土木建筑与土木工程,2017,39:123-128.

[138] 周志成,魏旭,谢天喜,等.观测距离及视角对红外热辐射检测的影响研究[J].红外技术,2017,39(1):86-90.

[139] MOONEN P,DEFRAEYE T,DORER V,et al.Urban physics:Effect of the micro-climate on comfort,health and energy demand [J].Frontiers of Architectural Research,2012,1(3):197-228.

[140] BLOCKEN B.Computational fluid dynamics for urban physics:Importance, scales,possibilities,limitations and ten tips and tricks towards accurate and reliable simulations[J].Building and Environment,2015,91:219-245.

[141] BLOCKEN B.50 years of computational wind engineering:Past,present and future[J].Journal of Wind Engineering and Industrial Aerodynamics,2014,129: 69-102.

[142] TOJA-SILV F,KONO T,PERALTA C,et al.A review of computational fluid dynamics (CFD) simulations of the wind flow around buildings for urban wind energy exploitation[J].Journal of Wind Engineering & Industrial Aerodynamics, 2018,180:66-87.

[143] TOPARLAR Y,BLOCKEN B,MAIHEU B,et al.A review on the CFD analysis of urban microclimate [J].Renewable and Sustainable Energy Reviews,2017, 80:1613-1640.

[144] 王频.湿热地区城市中央商务区热环境优化研究[D].广州:华南理工大学,2015: 93-204.

[145] EMMEL M G,ABADIE M O,MENDES N.New external convective heat transfer coefficient correlations for isolated low-rise buildings[J].Energy and Buildings, 2007,39(3):335-342.

[146] SULEIMAN B M.Estimation of U-value of traditional North African houses[J]. Applied Thermal Engineering,2011,31(11-12):1923-1928.

[147] YANG J,YU J H,XIONG C.Heat transfer analysis of hollow block ventilated wall based on CFD modeling[J].Procedia Engineering,2015,121:1312-1317.

[148] 刘凌.多层住宅自保温建筑构造体系研究[D].西安:西安建筑科技大学,2011:
      23-44.

[149] BEN-NAKHI A,MAHMOUD M A,MAHMOUD A M.Inter-model comparison
      of CFD and neural network analysis of natural convection heat transfer in a parti-
      tioned enclosure[J].Applied Mathematical Modelling,2008,32(9):1834-1847.

[150] QIN R,YAN D,ZHOU X,et al.Research on a dynamic simulation method of atri-
      um thermal environment based on neural network[J].Building and Environment,
      2012,50:214-220.

[151] 王福军.计算流体动力学分析[M].北京:清华大学出版社,2004.

[152] MENDOZA-ESCAMILLA V X,ALONZO-GARCÍA A,MOLLINEDO H R,et
      al.Assessment of k-ε models using tetrahedral grids to describe the turbulent
      flow field of a PBT impeller and validation through the PIV technique[J].Chinese
      Journal of Chemical Engineering,2018,26(5):942-956.

[153] AHN S H,XIAO Y X,WANG Z W,et al.Unsteady prediction of cavitating flow
      around a three dimensional hydrofoil by using a modified RNG k-ε model[J].O-
      cean Engineering,2018,158:275-285.

[154] 中华人民共和国住房和城乡建设部.民用建筑热工设计规范:GB/T 50176—2016
      [S].北京:中国建筑工业出版社,2016.

[155] 中国建筑标准设计研究院.住宅建筑构造:11J930 [S].北京:中国建筑工业出版
      社,2011.

[156] 中国气象局气象信息中心气象资料室,清华大学建筑技术科学系.中国建筑热环境
      分析专用气象数据集[M].北京:中国建筑工业出版社,2005.

[157] 黑龙江省人大常委会.黑龙江省城市供热条例[N].黑龙江日报,2011-08-24(13).

[158] AVDELIDIS N P,MOROPOULOU A.Applications of infrared thermography for
      the investigation of historic structures[J].Journal of Cultural Heritage,2004,5
      (1):119-127.

[159] BARREIRA E,DE FREITAS V P.Evaluation of building materials using infrared
      thermography[J].Construction and Building Materials,2007,21(1):218-224.

[160] LEHMANN B,WAKILI K G,FRANK T,et al.Effects of individual climatic pa-
      rameters on the infrared thermography of buildings[J].Applied Energy,2013,
      110:29-43.

[161] JIAO L Z,DONG D,ZHAO X D,et al.Compensation method for the influence of
      angle of view on animal temperature measurement using thermal imaging camera
      combined with depth image [J].Journal of Thermal Biology,2016,62:15-19.

[162] 杨立,杨桢.红外热像测温原理与技术[M].北京:科学出版社,2012,6:53-66.

[163] BAKER E A,LAUTZ L K,MCKENZIE J M,et al.Improving the accuracy of

time-lapse thermal infrared imaging for hydrologic applications[J].Journal of Hydrology,2019,571:60-70.

[164] 李云红,孙晓刚,原桂彬.红外热像仪精确测温技术[J].现代应用光学,2007,15(9):1336-1341.

[165] 李云红.基于红外热像仪的温度测量技术及其应用研究[D].哈尔滨:哈尔滨工业大学,2010.

[166] ZHANG Z J,YANG X L,DENG X Z,et al.A varying-gain recurrent neural-network with super exponential convergence rate for solving nonlinear time-varying systems[J].Neurocomputing,2019,351:10-18.

[167] 杨立,宋智勇,金仁喜.利用红外热像仪测量物体表面辐射率及其误差分析[C].苏州:中国工程热物理学会传热传质学学术会议,2000:715-721.

[168] 胡剑虹,宁飞,沈湘衡,等.目标表面发射率对红外热像仪测温精度的影响[J].中国光学与应用光学,2010,4(3):152-156.

[169] 刘波,郑伟,李海洋.材料表面发射率测量技术研究进展[J].红外技术,2018,40(8):725-732.

[170] 李牧樵.浅析人工神经网络及其应用模型[J].科技传播,2019(8):137-138,155.

[171] 卢志飞,孙忠宝.应用统计学[M].北京:清华大学出版社,2015:168.

[172] QIAO J F,MENG X,LI W J.An incremental neuronal-activity-based RBF neural network for nonlinear system modeling[J].Neurocomputing,2018,302:1-11.

[173] TSEKOURAS G J,DIALYNAS E N,HATZIARGYRIOU N D,et al.A non-linear multivariable regression model for midterm energy forecasting of power systems[J].Electric Power Systems Research,2007,77(12):1560-1568.

[174] ARMSTRONG J S.Illusions in regression analysis[J].International Journal of Forecasting,2012,28(3):689-694.

[175] 陈建海,冯杰.基于 BP 神经网络的舰艇战损装备抢修排序[J].舰船科学技术,2011,33(7):126-129.

[176] GHRITLAHRE H K,PRASAD R K.Exergetic performance prediction of solar air heater using MLP,GRNN and RBF models of artificial neural network technique[J].Journal of Environmental Management,2018,223:566-575.

[177] SPRECHT D F.The general regression neural network rediscovered[J].Neural Networks,1993,6(7):1033-1034.

[178] 楚彪.基于 CNN-SVM 模型的文本情感分析研究[D].昆明:云南大学,2017.

[179] 程云芳.粒子群—支持向量机模型在苯储罐泄漏事故中的应用[D].合肥:中国科学技术大学,2019.

[180] CHAPELLE O,VAPNIK V,BOUSQUET O,et al.Choosing multiple parameters for support vector machines[J].Machine Learning,2002,46(1-3):131-159.

[181] NIETO P J G,GARCÍA-GONZALO,SÁNCHEZ L F S,et al.Hybrid PSO-SVM-based method for forecasting of the remaining useful life for aircraft engines and evaluation of its reliability[J].Reliability Engineering & System Safety,2015, 138:219-231.

[182] 刘方园,王水花,张煜东.支持向量机模型与应用综述[J].计算机系统应用,2018,27 (4):1-9.

[183] 戴海,尚祥,游姗.含水率和孔隙率对导热系数的 SVM 预测研究[J].科学技术创新, 2018(30):43-44.

[184] 赵文芳,王京丽,尚敏,等.基于粒子群优化和支持向量机的花粉浓度预测模型[J]. 计算机应用,2019,39(1):98-104.

[185] 周峰,张立茂,秦文威,等.基于 SVM 的大型公共建筑能耗预测模型与异常诊断[J]. 土木工程与管理学报,2017,34(6):80-86.

[186] 庞明月,王文标,汪思源.基于粒子群优化支持向量机的建筑室内平均温度预测模 型[J].科技与创新,2017(18):14-15,18-19.

[187] 王宁,谢敏,邓佳梁,等.基于支持向量机回归组合模型的中长期降温负荷预测[J]. 电力系统保护与控制,2016,44(3):92-97.

[188] MA Z T,YE C T,LI H S,et al.Applying support vector machines to predict build-ing energy consumption in China[J].Energy Procedia,2018,152:780-786.

[189] TURKER M,KOC-SAN D.Building extraction from high-resolution optical spa-ceborne images using the integration of support vector machine (SVM) classifica-tion,Hough transformation and perceptual grouping[J].International Journal of Applied Earth Observation and Geoinformation,2015,34:58-69.

名 词 索 引